内蒙古自治区自然科学基金项目（2021BS05002）

循环扰动荷载作用下
煤岩组合体力学特性及声发射特征

段会强　于炜博 / 著

图书在版编目（CIP）数据

循环扰动荷载作用下煤岩组合体力学特性及声发射特征 / 段会强，于炜博著. — 成都 : 四川大学出版社，2024.3

（资源与环境研究丛书）

ISBN 978-7-5690-6702-6

Ⅰ. ①循… Ⅱ. ①段… ②于… Ⅲ. ①煤岩－组合体－岩体动力学－研究 Ⅳ. ①TD31

中国国家版本馆 CIP 数据核字（2024）第 042442 号

书　　名：循环扰动荷载作用下煤岩组合体力学特性及声发射特征
　　　　　Xunhuan Raodong Hezai Zuoyong xia Meiyan Zuheti Lixue Texing ji Shengfashe Tezheng

著　　者：段会强　于炜博

丛 书 名：资源与环境研究丛书

丛书策划：庞国伟　蒋　玙

选题策划：蒋　玙

责任编辑：周维彬

责任校对：蒋　玙

装帧设计：墨创文化

责任印制：王　炜

出版发行：四川大学出版社有限责任公司
　　　　　地址：成都市一环路南一段 24 号（610065）
　　　　　电话：（028）85408311（发行部）、85400276（总编室）
　　　　　电子邮箱：scupress@vip.163.com
　　　　　网址：https://press.scu.edu.cn

印前制作：四川胜翔数码印务设计有限公司

印刷装订：四川省平轩印务有限公司

成品尺寸：170mm×240mm

印　　张：8.75

字　　数：170 千字

版　　次：2024 年 3 月 第 1 版

印　　次：2024 年 3 月 第 1 次印刷

定　　价：58.00 元

目　录

前　言

在井工煤矿开采过程中，需留设大量的各类保护煤柱，这些煤柱除受静荷载作用外，还常常受到动荷载的影响，动荷载一般由采掘活动引起。当在煤柱附近开采保护层或邻近层，以及进行工作面回采及掘进巷道作业时，会使煤柱遭受采动应力的反复作用。特别是在条带开采、房柱式开采及近距离煤层群同时开采时，煤柱所遭受的反复采动应力影响更为突出。毋庸置疑，煤柱在这些扰动荷载的作用下必然产生损伤，变形增大并且承载能力逐渐降低，最终发生失稳破坏。另外，作用在煤柱上的采动应力是随时间及采掘活动的变化而不断变化的，即采动应力具有明显的时空效应。一般而言，随着矿井开采强度的增大，采动应力也随之增大，即煤柱是在经历多级应力振幅的扰动荷载作用后发生破坏。实际上，煤柱失稳是“顶板—煤柱—底板”这一组合系统失稳的具体体现，系统中任何一种介质失稳都会引起这一系统的失稳。基于此，将采动应力简化为循环扰动荷载，开展煤岩组合体循环扰动加载力学试验，研究其损伤破坏演化特征及前兆信息可为采矿工程实际服务。所得研究的成果对合理设计煤柱尺寸，科学评价工程煤岩体稳定性，防止矿井动力灾害事故发生，保障矿井安全高效生产具有重要理论指导意义。

全书共 6 章，第 1～2 章由于炜博编写，第 3～6 章由段会强编写。第 1 章介绍了与循环扰动加载力学试验有关的研究现状，并提出了本书的研究内容、方法和技术路线。第 2 章通过常规单轴压缩试验研究了干燥和浸水条件下煤岩组合体的力学参数和破坏形态，为循环扰动加载实验设计提供了基础数据。第 3 章通过循环扰动加载试验研究了干燥和浸水条件下煤岩组合体的强度、应变和能量演化特征及破坏形态。第 4 章的主要内容是常规单轴压缩及循环扰动荷载作用下干燥和浸水煤岩组合体的声发射特征。第 5 章研究了常规单轴压缩及循环扰动荷载作用下干燥和浸水煤岩组合体破坏后煤组分表面裂纹的分形特征、破碎碎块在不同尺寸区间的数量和质量分布特征。第 6 章采用颗粒流数值模拟研究了预静载和循环扰动荷载作用下煤岩组合体的力学特性和裂纹演化特征。

本书在编写过程中参阅了大量的国内外相关文献，在此谨向所有文献作者表示感谢。

由于编者水平有限，书中疏漏之处在所难免，敬请读者批评指正。

编　者

2023 年 9 月于包头

第 1 章　概论

1.1　研究背景及意义

我国是世界上最大的产煤国和煤炭消费国，煤炭为国民经济的持续高速发展提供了动力保障。虽然我国现阶段正积极推进新能源产业发展，但在 2050 年以前，煤炭占中国能源消耗的比例至少仍在 35%左右。所以，在相当长的一段时间内，煤炭依然是我国的主体能源。煤矿深部开采受到高地应力、强采动应力、高瓦斯压力以及高岩溶水压的影响严重。在这些因素影响下，煤岩体长期强度和稳定性将降低。特别是上（下）山煤柱、断层保护煤柱、条带开采时的条带煤柱及房柱式开采时的房柱等的服务时间长、塑性变形大，当煤柱内弹性核区逐渐变小而无法承担上覆岩层质量时将发生失稳破坏。其中，条带煤柱和房柱失稳往往会带来更为严重的后果。因为某一处煤柱失稳会引起“多米诺”效应而导致相邻煤柱的连续失稳，从而诱发地表坍塌等多种灾害事故。例如，美国采矿局 ARMRS 数据库中记录了 50 余起由房柱失稳引起上覆岩层的二次运动和地表的二次沉陷事故。所以，深井煤柱的长期稳定性应引起高度重视。

众所周知，井下煤柱除受静荷载作用外，还常常受到动荷载的影响，而动荷载一般由采掘活动引起。当在煤柱附近开采保护层或邻近层，进行工作面回采及掘进巷道作业时，将会使煤柱遭受采动应力的反复作用。特别是在条带开采、房柱式开采及近距离煤层群同时开采时，煤柱所遭受的反复采动应力影响更为突出。毋庸置疑，煤柱在静荷载和这些扰动荷载的综合作用下必然产生损伤，变形增大并且承载能力逐渐降低，最终发生失稳破坏。另外，作用在井下煤柱上的采动应力是随时间及采掘活动的变化而不断变化的，即采动应力具有明显的时空效应。一般而言，随矿井开采强度的增大，采动应力也随之增大，即煤柱在经历多级应力振幅的扰动荷载作用后发生破坏。煤柱失稳的实质是“顶板—煤柱—底板”这一组合系统失稳的体现，系统中任何一种介质失稳都会引起这一系统的失稳。所以，对“顶板—煤柱—底板”组合系统失稳机制及前兆信息进行研究，比仅仅研究煤体失稳更能揭示煤柱失稳的本质特征。因此，深入研究循环扰动荷载作用下煤岩组合体的力学特性和损伤破坏机理，并对煤柱失稳破坏进行预测，是采矿工程研究领域所关注的前瞻性问题。

煤岩体承受荷载时，其内部将产生局部弹塑性能集中现象，当能量积聚到某一临界值时，能引起其内部微裂隙的产生与扩展，并伴随弹性波在其周围岩体中快速释放、传播，产生声发射现象。声发射信号包含着煤岩体内部结构变化的丰富前兆信息，通过深入分析受载煤岩体的声发射信号，可以推测其内部的形态变化，反演其损伤破坏机制并预测破裂失稳。所以，针对煤岩组合体开展循环扰动荷载声发射试验，研究其损伤破坏机理，探讨其损伤破坏的声发射前兆特征，对采用声发射监测技术预测煤柱失稳，科学评价工程煤岩体稳定性，防止矿井动力灾害事故发生，保障矿井安全高效生产具有重要指导意义。

1.2 国内外研究现状

1.2.1 煤岩组合体的强度及变形特征

近年来，许多学者开展了煤岩组合体的力学试验，并取得了较为丰富的研究成果。余伟健等通过煤岩组合体的单轴压缩实验，得到煤岩组合体峰值强度由组合系统中间低强度的煤决定。陈岩等利用 MTS 815 试验机对煤岩组合体进行循环加卸载试验，分析了煤岩组合体循环加卸载中弹性应变和残余应变，得出加载时裂纹闭合应力和闭合应变，同时利用加载试验数据还验证了煤岩组合体轴向裂纹闭合模型和峰前应力-应变关系模型。宋洪强等通过强度参数分段线性演化方法，以等效塑性应变为应变软化参数，基于 Mohr－Coulomb 强度准则建立了煤岩组合体峰后非线性应力-应变关系，获得了煤岩组合体峰后应力-应变关系理论变化趋势。李成杰等为探究煤岩组合体整体破坏过程中的变形与破坏规律，利用沿轴向不同位置处粘贴的径向应变片与煤、岩体中部的轴向应变片获得了组合体试件峰前段的应变特征，并分析了组合体试件煤体部分的扩容特性。左建平等通过 MTS 815 试验机对钱家营矿煤岩组合体进行常规三轴压缩试验，得出围压作用下煤岩组合体压密阶段较短，具有明显的线弹性及塑性屈服阶段，且随着围压的增大，其峰后延性特征明显。蔡永博等在单轴加载条件下，分析原生煤岩组合体、人工煤岩组合体及煤岩单体应力-应变规律，发现 4 种试样抗压强度依次为：岩样>人工煤岩组合体试样>原生煤岩组合体试样>煤样。张晨阳等采用真三轴试验系统对煤岩组合体开展加卸载实验，探究不同煤厚比例组合体的力学行为响应特征，同煤厚比例试样的全应力 - 应变曲线特征相似，随着煤厚比例的增加，试样的塑性变形逐渐增加。郭东明等对 4 种不同倾角组合煤岩体进行了试验和数值模拟研究，获得了单轴和三轴压缩条件下组合煤岩体的宏观破坏机制，并分析了煤岩组合体中煤、岩不同倾角交界面对煤岩组合体整体变形破坏的影响。发现单轴荷载条件下煤岩组合体的破坏强度随着组合倾角的增加而出现先微微减小，而后迅速减小。汪铁楠等研究发现煤岩组合体在静力压缩下的宏观变形受界面效应影响，与煤、岩单体存在显著差异。沈文兵等通过 RMT-150C 岩石力学试验机分别对煤岩接触面倾角 0°、15°、30°、45°、60°进行一次单轴压缩试验，分析了不同倾角的煤岩组合体强度和变形破坏特征，研究表明，煤岩组合体的破坏强度接近煤单体的抗压强度，破坏主要集中于煤体部位。董浩等探究不同煤岩比例组合体在该应力路径下的力学响应及变形特征，发现在真三载荷下煤、岩试样强度、弹性模量及抗变形能力较单轴压缩均有显著提高。肖福坤等研究发现受倾角影响，煤岩组合体的应力-应变曲线前期大致相似，后期曲线形态发生变化；随着接触面倾角增大，组合体单轴抗压强度先缓慢减小，再迅速减小。Song 等对中砂岩样品、煤样、煤岩组合样品进行了单轴压缩试验，结果表明，组合样品的峰值轴向应变、单轴抗压强度、应力-应变曲线形状和弹性模量均更接近煤样，说明软岩-煤组合样品的力学特性主要受煤样的影响。Wang 等研究发现煤岩组合试样的应力峰值和残余强度与煤岩组合试样中煤的比例呈负相关，与围压呈正相关。Liu 等研究发现当煤岩样品失效时，岩石经历了应变恢复，对煤的失效起了加载作用。试样中煤的抗压强度随岩石强度的增加而增加，并随煤岩高度比的增加而降低。Xia 等研究发现煤岩组合的峰值强度和弹性模量在岩石和煤之间。随着煤岩组合体倾角的增大，其弹性模量和峰值强度逐渐减小。Guo 等通过进行单轴压缩试验实验研究，然后采用颗粒流代码（Partical Flow Code in 2 Demension，PFC2D）进行系统数值模拟，对不同煤厚 RCR 试样的失效力学性能进行深入分析。Lu 等为了研究顶煤结构在不同加载速率下的力学性能和破坏特性，制备了高度比为 1∶1 的复合煤岩试样，并在不同加载速率的单轴压缩条件下进行加载，发现加载速率越高，峰前阶段发生局部失效的可能性越小，峰值应力前的轴向应力-轴向应变曲线越平滑，单轴抗压强度越大。Gao 等通过对三个测试的煤岩组合试样测试，发现岩石由于单一拉伸断裂而发生断裂。这种脆性破坏是由相同轴向载荷下岩石和煤的不均等侧向变形引起的摩擦阻力引起的滑动引起的拉伸断裂。Chen 等对煤中已存在裂缝的砂岩一煤复合材料样品进行了单轴压缩试验，发现复合样品中的煤和砂岩均被破坏，在煤的中心有垂直穿透裂缝。煤的破坏是由于裂解破坏伴随着一个小的“X”形剪切破坏，而砂岩则是由于煤中裂纹扩展引起的裂解破坏。Pan 等通过对煤岩组合的单轴加载试验和单轴循环加载试验，研究了不同的煤岩高度比煤岩组合的变形特性。研究发现煤岩组合的单轴抗压强度随煤体高度的增加而增大。Cheng 等通过对煤岩组合体进行单轴压缩试验，以获得单轴抗压强度、弹性模量和全范围的应力-应变曲线。结果表明，单轴抗压强度与弹性模量呈正相关。Zhang 等利用颗粒动力学模型研究了高度比（煤高度与整个样品高度之比）和加载速率对复合样品力学相互作用的耦合效应，发现在单轴压缩条件下，复合材料样品的峰值强度随高度比的增加而降低，而峰值强度与加载速率之间呈线性增加关系。

1.2.2 煤岩组合体的能量耗散特征

岩石在变形破坏过程中，伴随着能量的耗散与释放；能量耗散是单向不可逆的，而能量释放是双向的，在满足一定条件时可以相互转化。近年来，大量学者将能量与煤岩组合体的失稳破坏建立了联系。陈光波等通过自主构建的不同比例的二元、三元组合体开展了轴向加载试验，得出随着煤岩高度比增大，煤岩组合体峰前总能量也逐渐增大，但增幅逐渐减小。徐金海等为研究煤岩组合体在外载荷作用下的力学响应及能量演化规律，设计了纯煤、煤岩组合体和纯岩试件单轴循环加卸载实验，分析了不同试件单轴抗压强度和弹性模量等力学响应特征，深入研究了煤岩组合体输入能密度、弹性能密度和耗散能密度演化规律，得到了不同试件的弹性能储存速率及储能能力的特性，建立并探讨了煤岩组合体能量破坏机理。陈岩等对煤岩组合体进行单轴和循环加卸载试验，发现循环加卸载下输入能密度、弹性能密度和耗散能密度随着应力的增大而增大。杨磊等为研究煤岩组合结构受压过程中的能量演化规律与破坏机制，对煤、岩石及3组煤岩组合体进行了单轴一次加载与循环加卸载试验，分析了煤岩组合体输入能密度、弹性能密度、耗散能密度，得到了不同试样的储能特性。杨磊等还通过实验室单轴压缩试验与数值模拟计算，研究不同强度比煤岩组合体的能量分区演化规律，发现煤岩组合体受载阶段可分为应变能快速积累、应变能增速放缓和应变能快速释放三个阶段，煤与岩石的应变能演化与煤岩组合体的相似，煤是组合体积聚应变能的重要载体。李成杰等利用分离式霍普金森压杆（Split Hopkinson Pressure Bar，SHPB）对类煤、岩单体及组合体试件进行冲击压缩试验，发现复合煤岩体能量集聚程度更高，发生动力灾害所需的能量更低。肖晓春等通过组合煤岩单轴压缩试验，从能量角度对组合煤岩失稳特征进行了分析，建立了煤岩组合结构能量耗散关系，引入推导出两相岩体变形破坏能量耗散关系。左建平等为有效评价煤岩组合模型的冲击倾向性，体现围岩性质对其失稳破坏的影响，首先对比了不同类型煤岩的能量积聚特性，发现同一应力水平时煤岩积聚的弹性能密度主要取决于其弹性模量，且两者呈负相关关系。陈光波等发现煤岩高度比相同条件下，粗砂岩-煤组合体能量积聚较多，煤是组合体能量积聚的主要载体；随着煤岩高度比的增大，组合体峰前积聚能量均逐渐增多。赵鹏翔等研究发现试件全应力应变过程中弹性能、耗散能分别在弹、塑性阶段有明显增加，随煤厚占比增加，试件储能极限和耗散能转化率逐渐降低，能够有效表征煤层采动覆岩裂隙演化及煤层受载破坏时的剧烈程度。邵光耀等通过分析围压对三种类型煤岩组合体能量释放和耗散的影响，可以得到煤岩组合体的能量演化特征，为冲击地压能量破坏机制提供一定的理论依据。王磊通过煤岩组合体单轴循环加卸载及三轴循环加卸载试验，发现循环载荷作用下的煤岩组合体经历了能量初始累积、能量快速累积和能量快速耗散的三个演化阶段，演化过程受到煤体高度及围压作用影响较大。何永琛基于能量理论研究了不同类型煤岩组合体试件单轴压缩变形破坏过程中的能量转化规律、储能特性及能耗特征，分析了能量驱动条件下煤岩组合体试件破坏机制及裂隙渐进演化耦合规律。Ma等研究发现在峰值应力点，总输入能和耗散能随煤岩高度比的减小而逐渐增大，弹性应变能随煤岩高度比的降低而减小。Zhao等探讨RCF夹层复合结构的能量特性，采用数值模拟试验方法进行了不同煤厚的单轴压缩试验，发现总输入能量（U）、可释放弹性应变能（U^{e}）和耗散能（U^{d}）随煤厚度的增加先增小再增大。Chen等对压缩失效后的煤岩组合试样进行X射线CT扫描分析，发现煤岩复合体的失效主要发生在煤体内。Chen等研究发现组合体各部件之间的硬度差越大，突出度越强；在组合体被破坏前，能量主要积累在弱构件上。

1.2.3 煤岩组合体损伤破坏的声发射特征

材料在变形破坏过程中，会以弹性波的形式向外释放应变能，这种现象称为声发射（Acoustic Emission，AE）。1953 年，凯塞发现，当材料在加卸载后进行再次加载时，如果荷载未超过先期最大载荷，声发射不发生或很少发生，材料的这种“记忆”现象被称为“Kaiser 效应”。1963 年，古德曼通过循环加卸载试验发现岩石也具有 Kaiser 效应。但是有些岩石在所受荷载小于之前最高应力水平时声发射数量也会有显著增长，这种现象被称为“Felicity 效应”。近年来，大量学者开始对煤岩组合体损伤破坏的声发射参数特征进行研究。左建平等通过用 MTS 815 试验机和声发射监测系统对单体岩石、单体煤和煤岩组合体进行单轴试验下的声发射测试，发现随着荷载的增加，单体岩石、单体煤及煤岩组合体的累积声发射数都增加，并且煤及煤岩组合体单位体积的声发射数要比岩石的声发射数高 1 个数量级。王晓南等利用 SANS (Small Angle Neutron Scattering) 材料试验系统、Disp-24 声发射监测系统和 TDS-6 微震信号采集系统，对单轴受压的不同煤岩组合试样进行声发射和微震试验，得到不同组合试样在受载破坏过程中的声发射和微震信号。周元超等为研究不同高度比的煤岩组合体在不同组合方式下声发射特征，利用 RFPA2D 数值模拟软件对煤岩组合体进行模拟研究，试验得出岩样与煤样的高度比对声发射能量产生显著影响，组合体中岩样高度所占比例越高，声发射信号越强，其产生的声发射能量也越多。姜玉龙等利用自行研制的“TCHFSM-I”型大尺寸真三轴压裂渗流模拟装置，研究不同应力条件下煤岩组合体跨界面水力裂缝起裂、扩展规律，分析压裂过程中注液压力与声发射动态响应特征，试验得出当水力裂缝扩展进入煤体时，注液压力呈现明显二次上升，声发射事件累计数占比显著提升。杨科等发现在高静载作用下，煤岩组合体声发射信号具有明显的前兆规律，组合体发生承载失效前煤体局部颗粒弹射动能增大、弹射颗粒块度降低，声发射信号由“高频低能”向“高频高能”转变。肖福坤等研究发现声发射累积能量随着倾角增加，呈现下降趋势，峰值声发射能量值逐渐减小。李回贵等利用 DS5-8b 声发射监测系统对粉砂岩及煤岩组合体破裂过程中的声发射参数进行监测，发现煤岩组合体中煤厚对其破裂过程中的声发射特征有影响，声发射峰值计数与煤厚呈负相关关系，声发射累计计数与煤厚呈正相关关系。杨二豪分析了不同类型煤岩组合体单轴应力状态下的声发射特征，选取声发射振铃计数、累计振铃计数、能量、累计能量、幅值五个声发射特征参数进行重点讨论，分析了单轴压缩过程中应力、裂隙发育状态及声发射特征参数之间的联系，揭示了三种不同类型煤岩组合体的声发射变化特征。Guo等对五种高径比的煤样进行了单轴压缩试验，并对声发射进行了监测，发现煤样破坏过程中的声发射活动可被划分为四个时期，其中静默期和快速衰弱期的时长与高径比呈正相关关系。Zhang等研究发现煤与岩高度比越大，累积能量越高，能量消散速度越快，说明煤岩组合破坏和不稳定引发的岩爆风险越高。Dong等研究发现随着应变率的增加，岩-煤-岩组合体声发射事件数增加。Xue等采用一种加载速率可控的高精度自动测试机和一种声发射实验系统对实验室地层不稳定性的检测和定位，结果表明，顶板与煤柱的高度比越大，声发射信号就越密集，岩石破裂的风险也就越大。Liu等研究发现当试样进入塑性阶段时，声发射急剧跳跃。整个加载过程中微裂纹的累积数和释放的累积能量逐渐减少，失效时微裂纹数和释放的能量也逐渐减少。He等对具有不同岩煤强度比的煤岩复合材料试样进行了一系列单轴载荷试验，结果表明，能量消耗和能量释放是造成煤和岩石破坏的重要原因。

综上所述，国内外专家已对煤岩组合体的强度、能量、声发射特征等进行了大量研究，且成果颇丰；但对循环扰动荷载作用下煤岩组合体力学及声发射特征的相关研究还有待完善。此外，相关学者仅利用数量有限的煤岩组合体试样进行实验来探究其强度、能量及声发射特征，取得的研究结果具有片面性。而采用PFC进行模拟时，其细观参数是确定的，其试验结果具有可重复性，避免了煤岩组合体力学特性离散性大的特点，可以很好地反映煤岩组合体的力学和声发射特征的规律性。鉴于此，笔者基于前人研究成果，在进行室内试验的同时，进一步利用PFC数值模拟对循环扰动荷载作用下煤岩组合体力学及声发射特征进行研究。

1.2.4 存在的问题及发展趋势

（1）煤柱及其顶底板在遭受多次应力幅值逐渐增大的扰动荷载时易发生破坏，但此类问题还没有引起足够的重视。开展煤岩组合体循环扰动荷载力学试验，研究其损伤破坏的强度及变形特征，对科学评价受重复采动影响煤柱的稳定性及预测煤柱失稳有重要理论指导意义。

（2）声发射信号是岩石损伤破坏的重要表征信息，研究煤岩组合体损伤破坏过程中声发射表征参数的变化规律，构建以声发射参数为损伤变量的损伤破坏演化模型，对科学评价受重复采动影响煤柱的稳定性及预测煤柱失稳也有重要理论指导意义。

1.3 研究内容、方法及技术路线

1.3.1 研究内容

本书以内蒙古自然科学基金项目“预静载与循环扰动荷载作用下含水煤岩组合体损伤破坏机理及非线性预测方法”（2021BS05002）为依托，在对国内外研究现状进行系统调研的基础上，针对现阶段中存在的不足以及亟待解决的问题，主要开展以下研究工作。

（1）常规单轴压缩作用下煤岩组合体的力学特性及声发射特征。①研究煤岩组合体的峰值强度与岩石占比、浸水时间之间的关系；②研究煤岩组合体的弹性模量、泊松比与岩石占比、浸水时间之间的关系；③研究煤岩组合体的声发射特征，并建立基于声发射的损伤演化方程。

（2）循环扰动荷载作用下煤岩组合体的力学特性。①研究不同岩-煤-岩比例、不同浸水时间组合体的应力-应变曲线特征；②研究不同岩-煤-岩比例、不同浸水时间组合体的强度特征；③研究不同岩-煤-岩比例、不同浸水时间组合体的能量演化特征。

（3）循环扰动荷载作用下煤岩组合体的声发射特征。①研究不同岩-煤-岩比例、不同浸水时间组合体损伤破坏过程中的声发射演化特征；②研究不同岩-煤-岩比例、不同浸水时间组合体的声发射参数与损伤破坏之间的关系。

（4）循环扰动荷载作用下煤岩组合体表面裂纹和碎块分布特征。①研究不同岩-煤-岩比例、不同浸水时间组合体破坏后煤组分表面裂纹的分形特征；②研究不同岩-煤-岩比例、不同浸水时间组合体破坏后煤组分碎块在不同尺寸区间的数量和质量特征。

（5）预静载与循环扰动荷载作用下煤岩组合体力学特性的数值模拟研究。①研究煤岩组合体的力学参数与岩石类型、岩石占比之间的关系；②研究煤岩组合体的声发射特征与岩石类型、岩石占比之间的关系；③研究不同煤岩组合类型、煤岩比例组合体的损伤演化特征。

1.3.2 研究方法

本书主要采用室内试验、PFC数值模拟试验和试验数据处理及理论分析相结合的研究方法对常规单轴压缩和循环扰动荷载作用下煤岩组合体的力学特性及声发射特征进行研究。具体研究方法为：

（1）室内试验。

在河南理工大学能源学院的RMT-150B岩石力学试验机上进行标准圆柱形煤岩组合体的常规单轴压缩试验和循环扰动荷载声发射试验。

（2）PFC数值模拟试验。

①根据标准圆柱体煤、岩试样常规压缩试验数据，采用“试错法”获得与其宏观力学特性基本一致的细观参数。

②对不同煤岩组合类型、煤岩比例组合体开展常规单轴压缩和循环扰动荷载数值模拟试验。

（3）试验数据处理及理论分析。

①研究常规单轴压缩作用下煤岩组合体的力学特性和岩煤岩比例、浸水时间之间的关系。

②研究循环扰动荷载作用下煤岩组合体的力学特性和岩煤岩比例、浸水时间之间的关系。

③研究循环扰动荷载作用下煤岩组合体受载破坏过程中的声发射演化特征和基于声发射参数的损伤演化特征。

④研究循环扰动荷载作用下煤岩组合体受载破坏过程中的能量演化特征，并揭示其损伤破坏机理。

1.3.3 技术路线

在充分查阅和调研国内外相关参考文献及研究现状的基础上，结合项目研究方法及内容，确定的总体技术路线如图1.1所示。

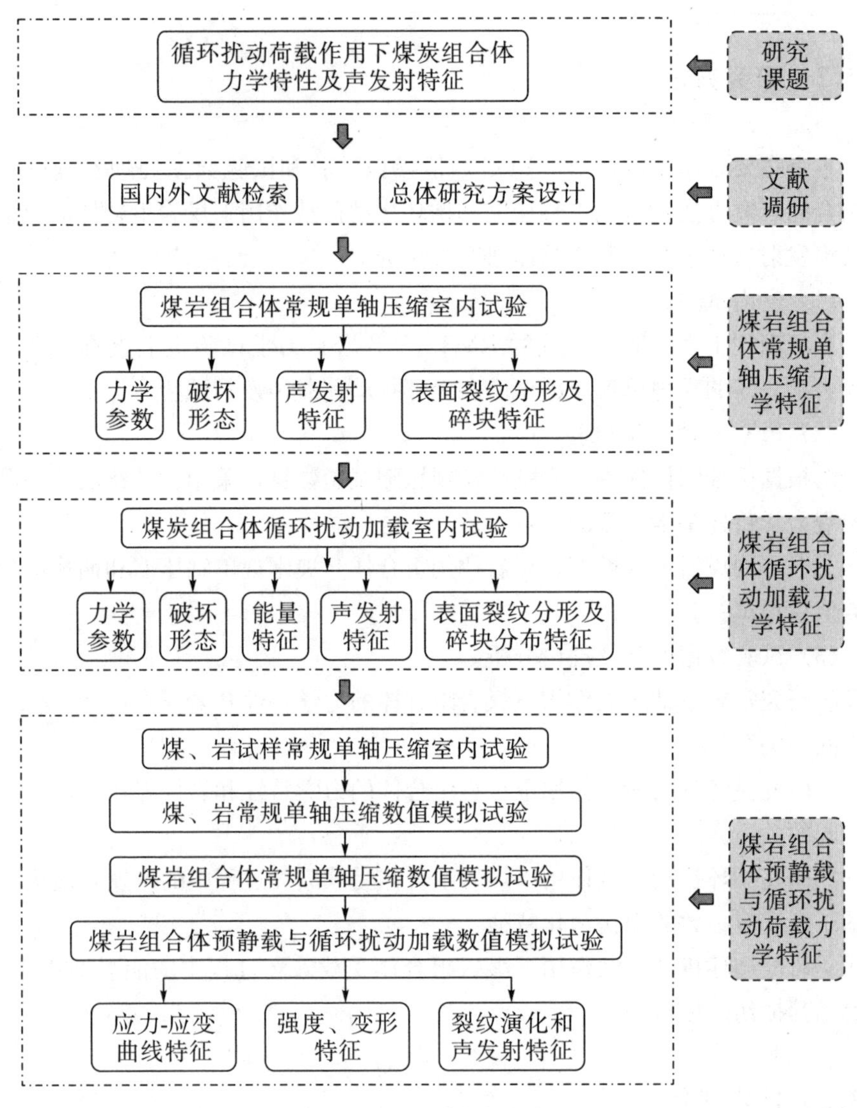
循环扰动荷载作用下煤炭组合体力学特性及声发射特征
研究课题
国内外文献检索
总体研究方案设计
文献调研
煤岩组合体常规单轴压缩室内试验
力学参数
破坏形态
声发射特征
表面裂纹分形及碎块特征
煤岩组合体常规单轴压缩力学特征
煤炭组合体循环扰动加载室内试验
力学参数
破坏形态
能量特征
声发射特征
表面裂纹分形及碎块分布特征
煤岩组合体循环扰动加载力学特征
煤、岩试样常规单轴压缩室内试验
煤、岩常规单轴压缩数值模拟试验
煤岩组合体常规单轴压缩数值模拟试验
煤岩组合体预静载与循环扰动加载数值模拟试验
应力-应变曲线特征
强度、变形特征
裂纹演化和声发射特征
煤岩组合体预静载与循环扰动荷载力学特征

图 1.1　总体技术路线

第 2 章　煤岩组合体常规单轴压缩力学特性

2.1　实验准备

2.1.1　试样制备

试验中所用的煤、岩取自河南省焦煤集团赵固二矿，为尽可能地降低试样力学性能的离散性，选取完整且没有肉眼能够观察到明显节理、裂隙的大块煤、岩并密封包装，然后运至实验室进行加工。试样加工中，共设计了四种岩-煤-岩比例的组合体试样，其岩：煤：岩分别为 10：80：10、20：60：20、30：40：30 和 40：20：40。试样加工严格按照《工程岩体试验方法标准》(GB/T 50266—2013) 和国际岩石力学学会（International Society for Rock Mechanics，ISRM）中的有关规定，将煤岩组合体加工成 50 mm×100 mm（直径×高度）的标准圆柱体试样。试样端面平整度误差小于 0.02 mm，试样轴向垂直度小于 0.001 弧度或每 50 mm 不超过 0.05 mm。试样加工完成后，对其进行筛选工作，要剔除有明显裂隙、节理及平整度不符合要求的试样。在试样选取完成后，将其放置在干燥的室内自然干燥并编号。制备的部分试样如图 2.1 所示。

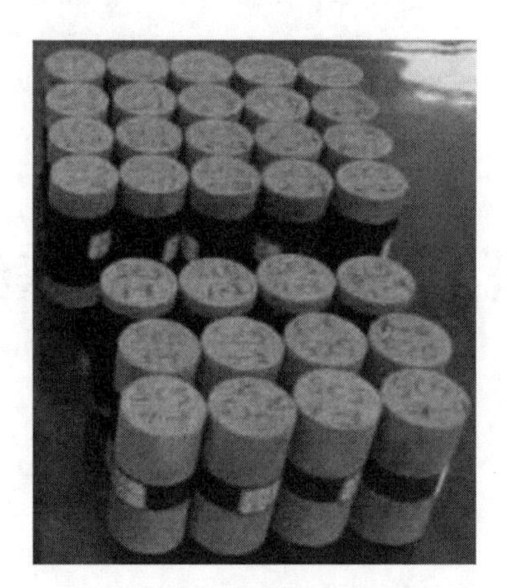

图 2.1　试样图片

2.1.2　实验设备

煤岩组合体常规压缩试验在河南理工大学能源学院的 RMT-150B 岩石力学试验机上进行，RMT-150B 岩石力学试验机如图 2.2 所示。

图 2.2　RMT-150B 岩石力学试验机

试验过程中声发射信息的采集选用美国物理声学公司生产的 8 通道 PCIE

声波、声发射一体化测试系统，如图 2.3 所示。声发射系统带宽频率范围为 0.001～3 MHz，门槛值设定为 43 dB，增益设置为 40 dB，撞击定义时间 50 μs，采样时间间隔 500 ms。试验中可对试样加载全过程的点定位、线定位、面定位和体定位进行图形图像的显示及储存。

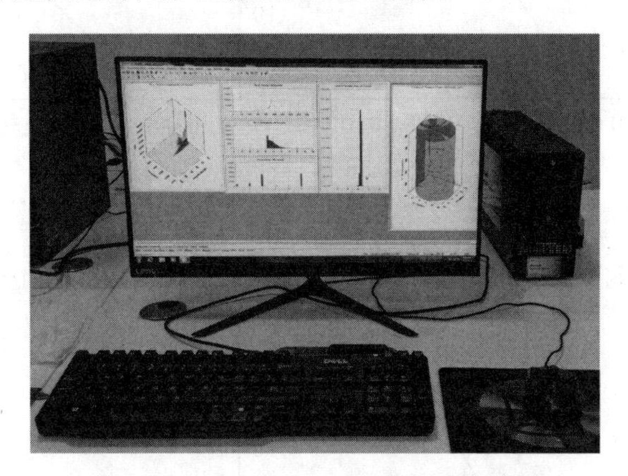

图 2.3　PCIE 声波、声发射一体化系统

2.2　干燥煤岩组合体常规单轴压缩试验及分析

为研究岩-煤-岩比例对干燥组合体试样力学特性的影响，设计了 10∶80∶10、20∶60∶20、30∶40∶30 和 40∶20∶40 四种比例的组合体试样，并分别选取三个试样进行常规单轴压缩试验以获取煤岩组合体常规单轴压缩强度及合理的声发射试验参数。在试验前，首先给煤岩组合体施加 0.4 kN 的初始力，以确保煤岩组合体和试验机压头之间的紧密接触，试验过程中选择位移控制模式，加载速率为 0.002 mm/s。

2.2.1　干燥煤岩组合体应力-应变曲线

图 2.4 展示了不同岩煤岩比例组合体在干燥状态下的常规单轴压缩应力-应变关系曲线（ε 代表应变，σ_1代表轴向应力）。图 2.4（a）～图 2.4（d）的岩∶煤∶岩比例分别是 10∶80∶10、20∶60∶20、30∶40∶30、40∶20∶40。

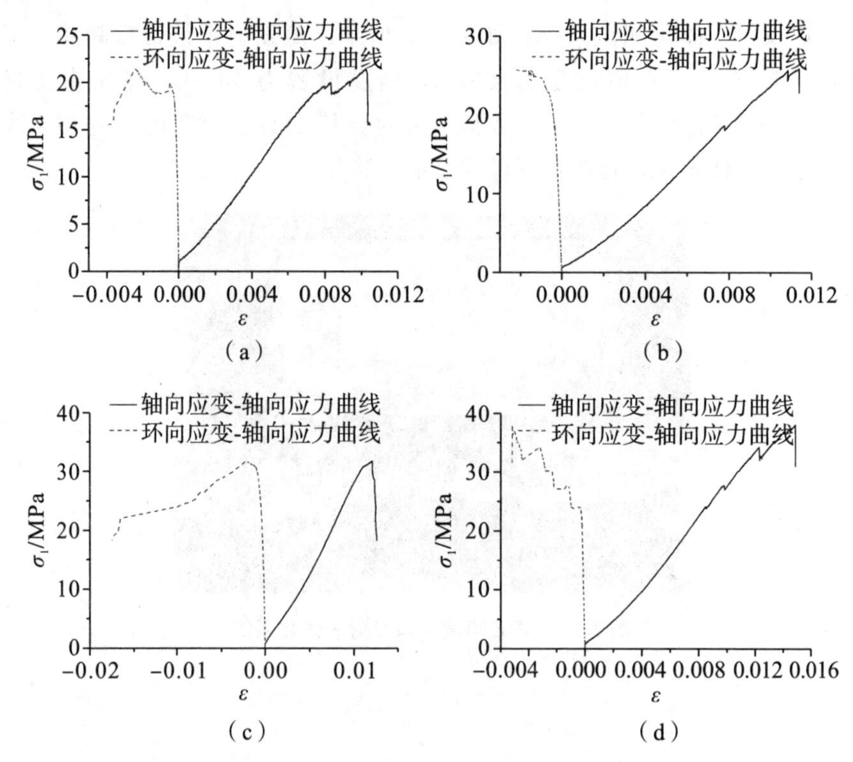

图 2.4 不同岩-煤-岩比例组合体常规单轴压缩应力-应变曲线

由图 2.4 可知，在 4 种岩-煤-岩比例的组合体常规单轴压缩试验中，其轴向变形均可划分为压密阶段、线弹性变形阶段、裂隙生成及扩展阶段和破坏阶段。下面以岩∶煤∶岩比例为 40∶20∶40 的组合体试样进行说明，如图 2.5 所示。

(1) 压密阶段 AB。煤岩组合体中的煤存在大量的微孔隙、微空洞等缺陷，在轴向压缩作用下，这些缺陷逐渐被压密、闭合，轴向应力-轴向应变曲线表现为上凹型，曲线斜率逐渐变大。

(2) 线弹性变形阶段 BC。轴向应力-轴向应变曲线近似为直线，斜率基本稳定。在该阶段，试样内部基本上不会产生裂隙。

(3) 裂隙生成及扩展阶段 CD。轴向应力-轴向应变曲线斜率开始逐步减小，因为岩石组分的强度大于煤组分，所以微裂纹开始在煤组分中萌生、成核并扩展、贯通。

(4) 破坏阶段 DE。因为煤岩脆性较大，所以，轴向应力在过 D 点后迅速跌落，积聚在煤岩组合体中的弹性能迅速释放，并产生宏观裂纹、形成破裂面。

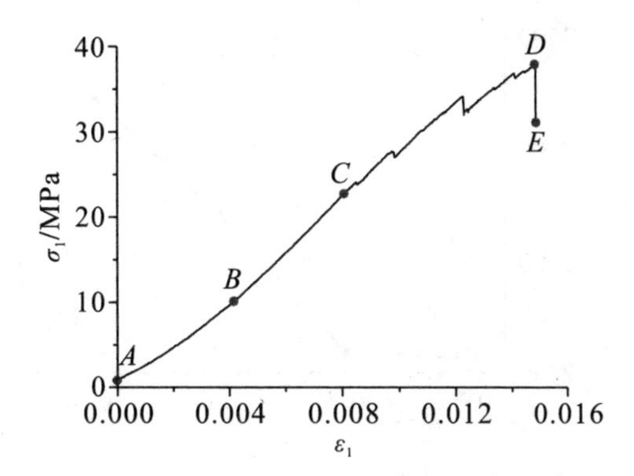

图 2.5　典型煤岩组合体单轴常规压缩轴向应力-轴向应变曲线（ε_1代表轴向应变）

2.2.2　干燥煤岩组合体强度及弹性参数

1. 强度

图 2.6 展示了煤岩组合体的峰值强度 σ_c与岩石组分占比 η 之间的关系。

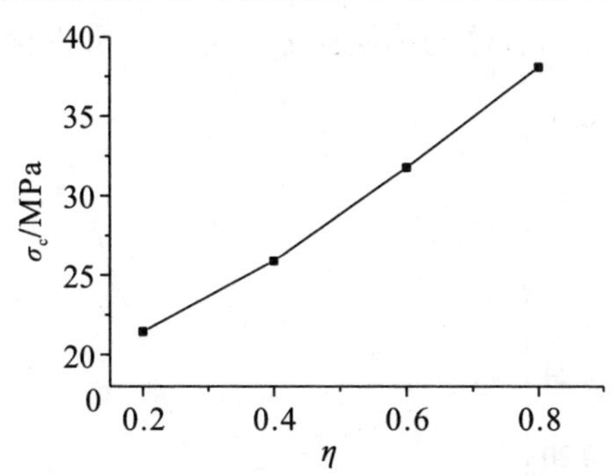

图 2.6　煤岩组合体峰值强度与岩石组分占比之间的关系曲线

由图 2.6 可知，当岩石组分占比分别为 0.2、0.4、0.6 和 0.8 时，煤岩组合体的强度分别为 21.443 MPa、25.887 MPa、31.773 MPa 和 38.070 MPa。即随着岩石组分占比的增加，煤岩组合体强度呈增大的趋势。

2. 弹性模量

图 2.7 展示了煤岩组合体的弹性模量 E（在轴向应力-轴向应变曲线的线性阶段求得）与岩石组分占比 η 之间的关系。

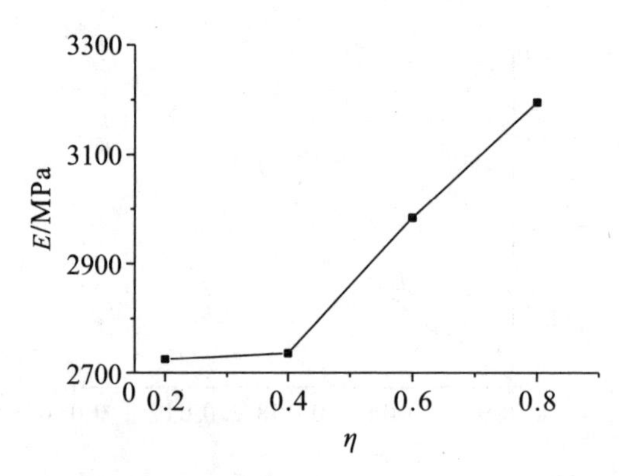

图 2.7　煤岩组合体弹性模量与岩石组分占比之间的关系曲线

由图 2.7 可知，当岩石组分占比分别为 0.2、0.4、0.6 和 0.8 时，煤岩组合体的弹性模量分别为 2725.144 MPa、2736.364 MPa、2984.112 MPa 和 3195.275 MPa。整体上看，随着岩石组分占比的增加，煤岩组合体弹性模量有增大的趋势。

3. 泊松比

图 2.8 展示了煤岩组合体的泊松比 μ 与岩石组分占比 η 之间的关系。

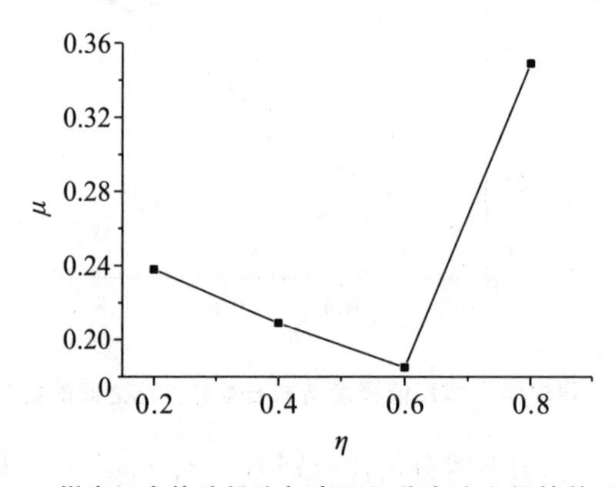

图 2.8　煤岩组合体泊松比与岩石组分占比之间的关系曲线

由图 2.8 可知，当岩石组分占比分别为 0.2、0.4、0.6 和 0.8 时，煤岩组合体的泊松比分别为 0.238、0.209、0.185 和 0.349。整体上看，随着岩石组分占比的增加，煤岩组合体泊松比有先减小后增大的变化趋势。

2.2.3　干燥煤岩组合体破坏特征

干燥煤岩组合体常规单轴压缩破坏形态如图 2.9 所示［图（a）～图（d）

的岩：煤：岩比例分别是 10：80：10、20：60：20、30：40：30、40：20：40]。由图可知，当岩：煤：岩比例为 10：80：10 和 20：60：20 时，煤岩组合体中的岩石组分均没有发生破坏，且煤组分破坏后产生的裂纹较多。当岩：煤：岩比例为 30：40：30 和 40：20：40 时，煤岩组合体中的岩石组分产生了轴向拉伸裂纹，这主要是因为随着岩石组分占比的增加，煤岩组合体的强度增加，增加了岩石组分破坏的可能。

(a)　(b)　(c)　(d)

图 2.9　干燥煤岩组合体常规单轴压缩破坏形态

2.3　浸水煤岩组合体常规单轴压缩试验及分析

为研究水对煤岩组合体力学特性的影响，选择岩：煤：岩比例为 20：60：20 的组合体试样进行试验，浸水时间分别为 1 天、3 天、5 天和 10 天。试验过程中选择位移控制模式，加载速率为 0.002 mm/s。

2.3.1　浸水煤岩组合体应力-应变曲线

图 2.10 展示了不同浸水时间条件下煤岩组合体的常规单轴压缩应力-应变关系曲线。由图可知，在四种不同浸水时间的煤岩组合体常规单轴压缩试验中，其轴向变形也均可划分为压密阶段、线弹性变形阶段、裂隙生成及扩展阶段和破坏阶段。

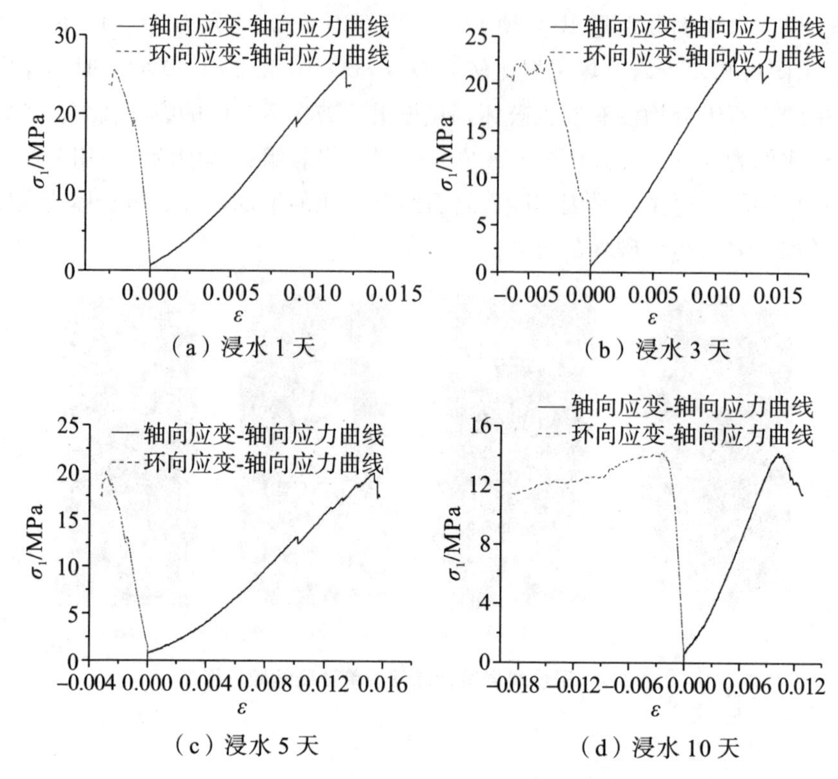

（a）浸水 1 天　（b）浸水 3 天

（c）浸水 5 天　（d）浸水 10 天

图 2.10　不同浸水时间煤岩组合体常规单轴压缩应力-应变曲线

2.3.2　浸水煤岩组合体强度及弹性参数

1. 强度

图 2.11 展示了煤岩组合体的峰值强度 σ_c 与浸水时间 t 之间的关系。由图可知，当浸水时间分别为 1 天、3 天、5 天和 10 天时，煤岩组合体的强度分别为 25.545 MPa、22.947 MPa、19.978 MPa 和 14.232 MPa，即随着浸水时间的增加，煤岩组合体强度呈减小的趋势。

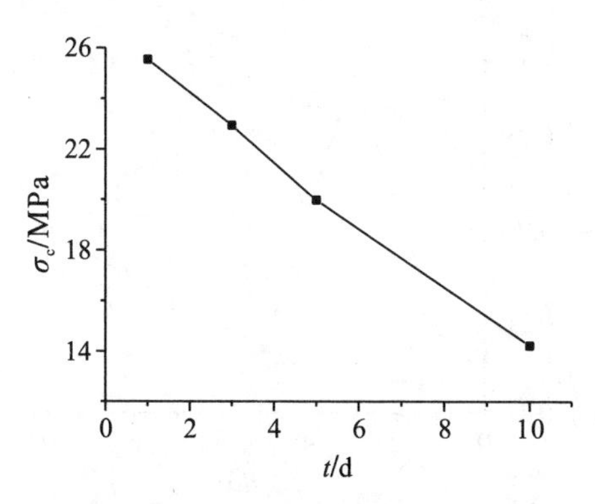

图 2.11　煤岩组合体峰值强度与浸水时间之间的关系曲线

2. 弹性模量

图 2.12 展示了煤岩组合体的弹性模量 E 与浸水时间 t 之间的关系。由图可知，当浸水时间分别为 1 天、3 天、5 天和 10 天时，煤岩组合体的弹性模量分别为 2549.606 MPa、2173.017 MPa、1840.305 MPa 和 1604.687 MPa。整体上看，随着浸水时间的增加，煤岩组合体弹性模量呈减小的趋势。

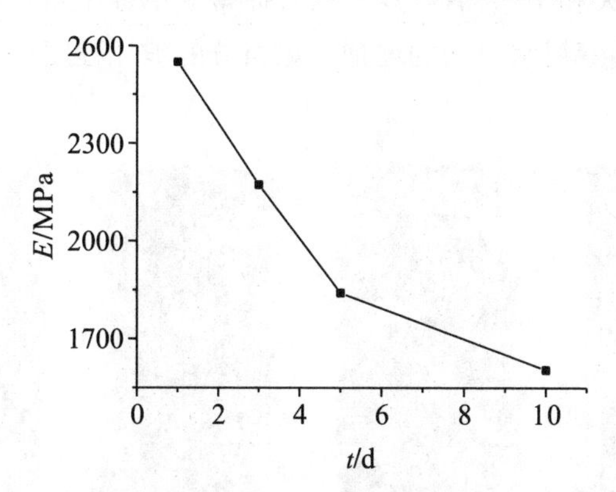

图 2.12　煤岩组合体弹性模量与浸水时间之间的关系曲线

3. 泊松比

图 2.13 展示了煤岩组合体的泊松比 μ 与浸水时间 t 之间的关系。由图可知，当浸水时间分别为 1 天、3 天、5 天和 10 天时，煤岩组合体的泊松比分别为 0.193、0.309、0.188 和 0.239。整体上看，随着浸水时间的增加，煤岩组合体泊松比没有表现出明显的变化趋势。

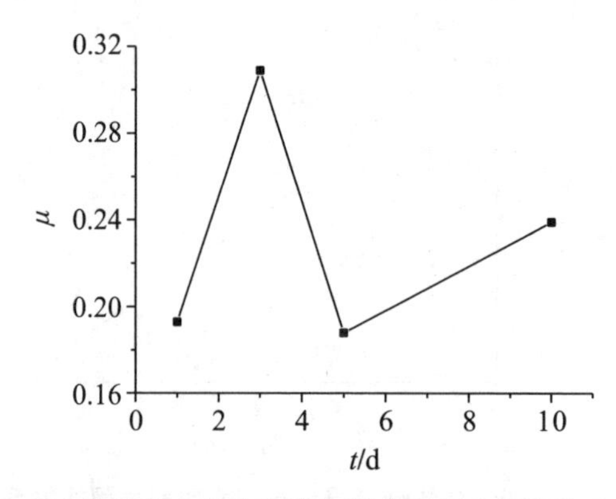

图 2.13　煤岩组合体泊松比与浸水时间之间的关系曲线

2.3.3　浸水煤岩组合体破坏特征

浸水煤岩组合体常规单轴压缩破坏形态如图 2.14 所示。由图可知，在浸水 1 天、3 天、5 天和 10 天后，煤岩组合体常规单轴压缩呈现多条轴向拉伸破坏的主裂纹；但随着浸水时间的增加，煤组分的破坏程度有减小趋势，表现为表面裂纹数量减小。

（a）浸水 1 天

（b）浸水 3 天

（c）浸水 5 天

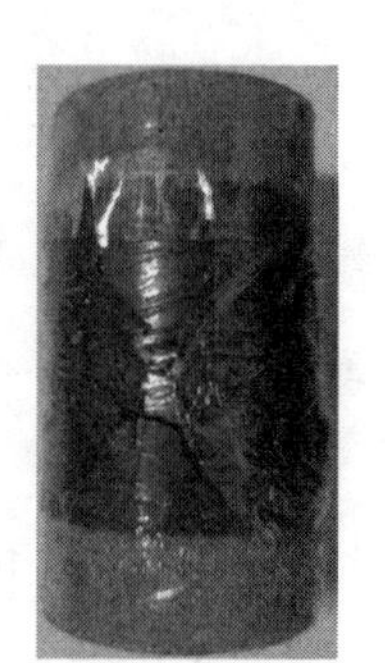
（d）浸水 10 天

图 2.14　浸水煤岩组合体常规单轴压缩破坏形态

第 3 章　煤岩组合体循环扰动荷载加载力学特性

3.1　干燥煤岩组合体循环扰动荷载加载试验及分析

为研究岩-煤-岩比例对干燥组合体试样力学特性的影响，设计了 10∶80∶10、20∶60∶20、30∶40∶30 和 40∶20∶40 的岩-煤-岩比例的组合体试样。试验前，首先给煤岩组合体施加 0.4 kN 的初始力，以确保煤岩组合体和试验机压头之间的紧密接触，试验过程中选择应力控制模式，加卸载速率为 0.2 kN/s。

3.1.1　干燥煤岩组合体循环扰动荷载加载应力-应变曲线

图 3.1（a）～图 3.1（d）展示了不同岩-煤-岩比例组合体在干燥状态下的循环扰动荷载加载应力-应变关系曲线。由图可知，在 4 种岩-煤-岩比例的组合体循环扰动荷载加载试验中，当每一个循环扰动荷载加载结束时，其轴向应变都产生较为明显的残余应变；但环向残余应变在较低的扰动应力作用下非常小，只有当扰动应力较高时才明显增大。

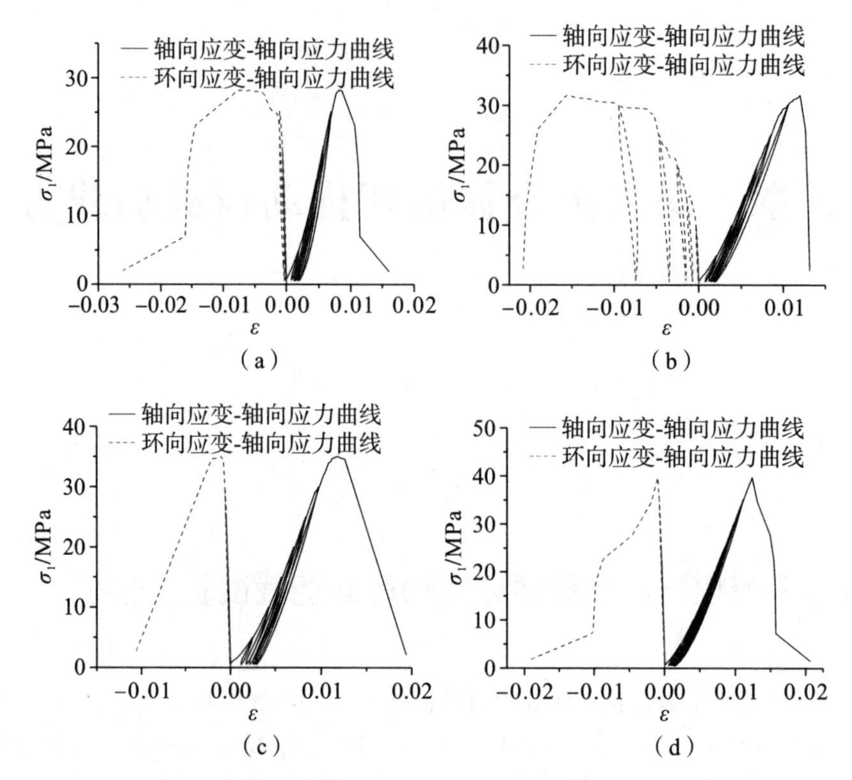

图 3.1　不同煤岩比例组合体循环扰动荷载加载应力-应变曲线

3.1.2　干燥煤岩组合体循环扰动荷载加载强度特征

图 3.2 展示了干燥煤岩组合体的峰值强度 σ_c 与岩石组分占比 η 之间的关系。由图可知，当煤岩组合体的岩石组分占比分别为 0.2、0.4、0.6 和 0.8 时，煤岩组合体的强度分别为 28.248 MPa、31.678 MPa、35.030 MPa 和 39.691 MPa，即随着岩石组分占比的增加，煤岩组合体强度呈增大的趋势。

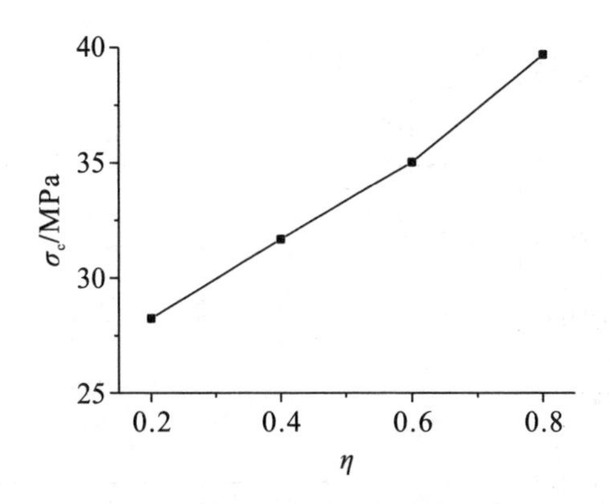

图 3.2　干燥煤岩组合体峰值强度与岩石组分占比之间的关系曲线

3.1.3　干燥煤岩组合体循环扰动荷载加载应变特征

图 3.3（a）~图 3.3（d）展示了干燥煤岩组合体在破坏前的每个循环扰动荷载加载结束时的轴向应变和环向应变与循环扰动次数之间的关系曲线。由图可知，在 10∶80∶10、20∶60∶20、30∶40∶30 和 40∶20∶40 的岩-煤-岩比例条件下，煤岩组合体的轴向应变随循环扰动次数的增加基本上呈线性增长，环向应变随循环扰动次数的增加基本上按指数函数下降。整体上看，煤岩组合体的轴向应变明显大于环向应变，但煤岩组合体对环向应变的破坏更为敏感，所以，环向应变比轴向应变更适合作为预测干燥煤岩组合体破坏的特征参数。

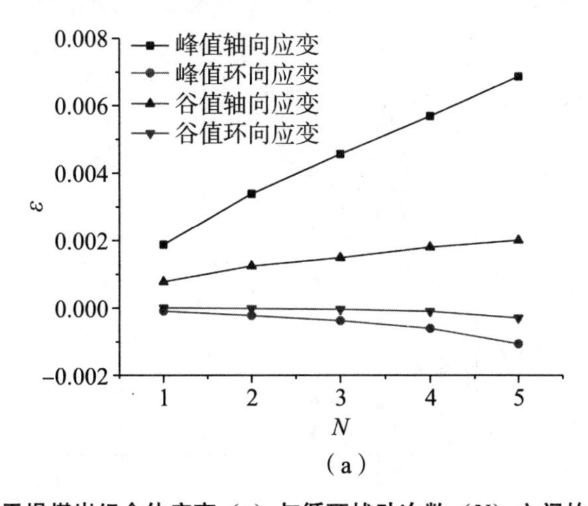

（a）

图 3.3　干燥煤岩组合体应变（ε）与循环扰动次数（N）之间的关系曲线

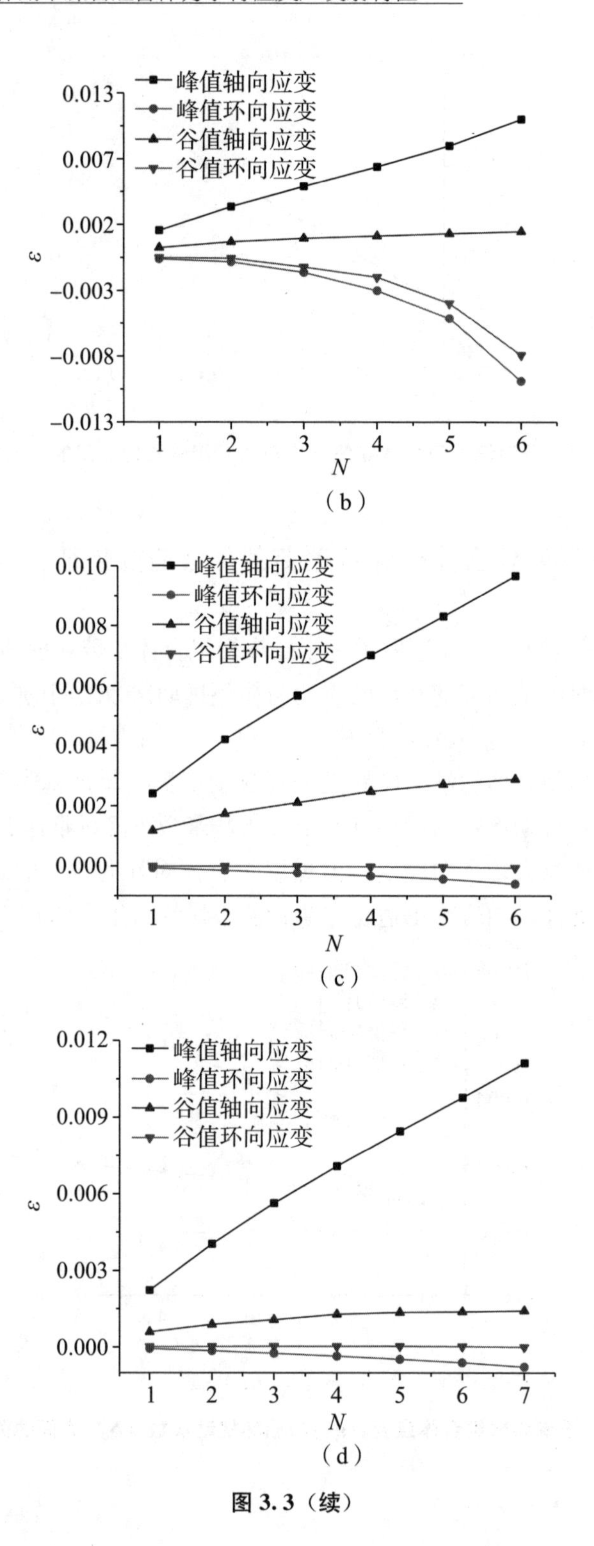
峰值轴向应变
峰值环向应变
谷值轴向应变
谷值环向应变
0.013
0.007
0.002
−0.003
−0.008
−0.013
ε
1
2
3
4
5
6
N
0.010
0.008
0.006
0.004
0.002
0.000
0.012
0.009
0.003
7

（b）

（c）

（d）

图 3.3（续）

3.1.4　干燥煤岩组合体循环扰动荷载加载的能量特征

1. 能量计算原理

从能量的角度看，岩石的变形破坏是一个能量输入、能量聚集、能量耗散和能量释放的过程。在单轴循环扰动荷载加载条件下，每一个加卸载过程中所消耗的能量 U_d 由轴向应力-轴向应变曲线所形成的滞回环面积来表示；滞回环的面积即为加载段曲线面积与卸载段曲线面积之差。本书以图 3.4 中的轴向应力-轴向应变滞回环曲线为例，详细说明滞回环面积的计算。

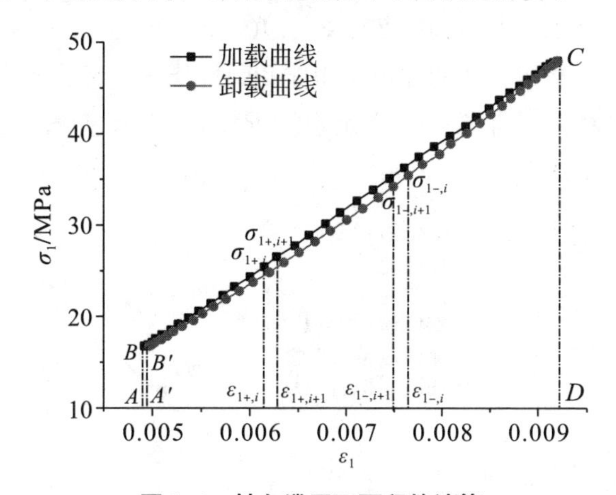

图 3.4　轴向滞回环面积的计算

图 3.4 中，加载段的面积即 $ABCD$ 所组成的面积，为一个循环过程中轴向荷载所做的单位体积能 U_+；而卸载段的面积即 $A'B'CD$ 所组成的面积，为一个循环过程中可释放的单位体积弹性能 U_-。由于 U_+ 为正值，U_- 为负值，所以加载段与卸载段的面积之和也就是轴向单位体积耗散能 U_d。它们可按照图 3.4 中第 i 段的梯形面积通过积分求得。U_+、U_- 和 U_d 之间的关系可表述为

$$U_d = U_+ + U_- = \frac{1}{2}\left(\sum_{i=1}^{m}(\sigma_{1+,i} + \sigma_{1+,i+1}) \cdot (\varepsilon_{1+,i+1} - \varepsilon_{1+,i}) + \sum_{i=1}^{n}(\sigma_{1-,i} + \sigma_{1-,i+1}) \cdot (\varepsilon_{1-,i+1} - \varepsilon_{1-,i})\right) \quad (3.1)$$

式中，U_d 为轴向单位体积耗散能，$J \cdot cm^{-3}$；U_+ 为轴向单位体积能，用轴向应力-轴向应变加载曲线下的面积表示，$J \cdot cm^{-3}$；U_- 为轴向单位体积弹性能，用轴向应力-轴向应变卸载曲线下的面积表示，$J \cdot cm^{-3}$；$\sigma_{1+,i}$ 为轴向加载曲线

上第 i 个点的轴向应力，MPa；$\sigma_{1+,i+1}$为轴向加载曲线上第 $i+1$ 个点的轴向应力，MPa；$\varepsilon_{1+,i}$为轴向加载曲线上第 i 个点的轴向应变；$\varepsilon_{1+,i+1}$为轴向加载曲线上第 $i+1$ 个点的轴向应变；$\sigma_{1-,i}$为轴向卸载曲线上第 i 个点的轴向应力，MPa；$\sigma_{1-,i+1}$为轴向卸载曲线上第 $i+1$ 个点的轴向应力，MPa；$\varepsilon_{1-,i}$为轴向卸载曲线上第 i 个点的轴向应变；$\varepsilon_{1-,i+1}$为轴向卸载曲线上第 $i+1$ 个点的轴向应变。

2. 能量演化特征

图 3.5 (a)～图 3.5 (d) 展示了干燥煤岩组合体在破坏前每个循环的单位体积能、弹性能（绝对值）和耗散能随循环扰动次数（N）的演化特征。由图可知，在 10∶80∶10、20∶60∶20、30∶40∶30 和 40∶20∶40 共 4 种岩-煤-岩比例条件下，煤岩组合体的单位体积能和弹性能随循环扰动次数的增加按指数函数增长，且相关性非常强（决定系数 R^2 均大于 0.99）；而耗散能随循环扰动次数的增加呈线性增长。

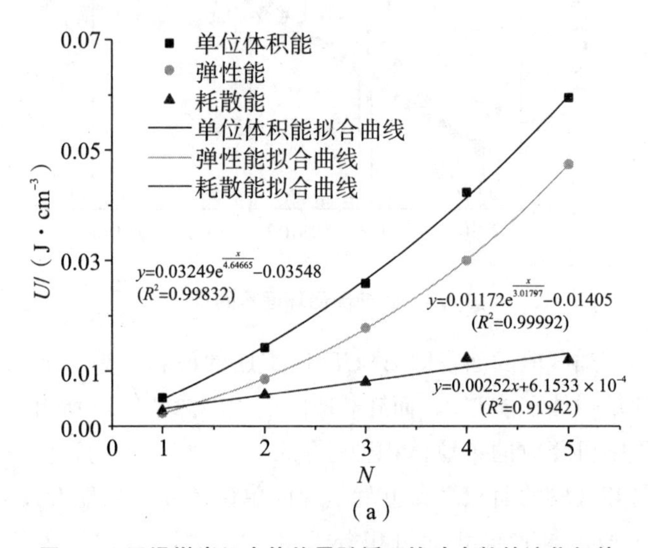

（a）

图 3.5 干燥煤岩组合体能量随循环扰动次数的演化规律

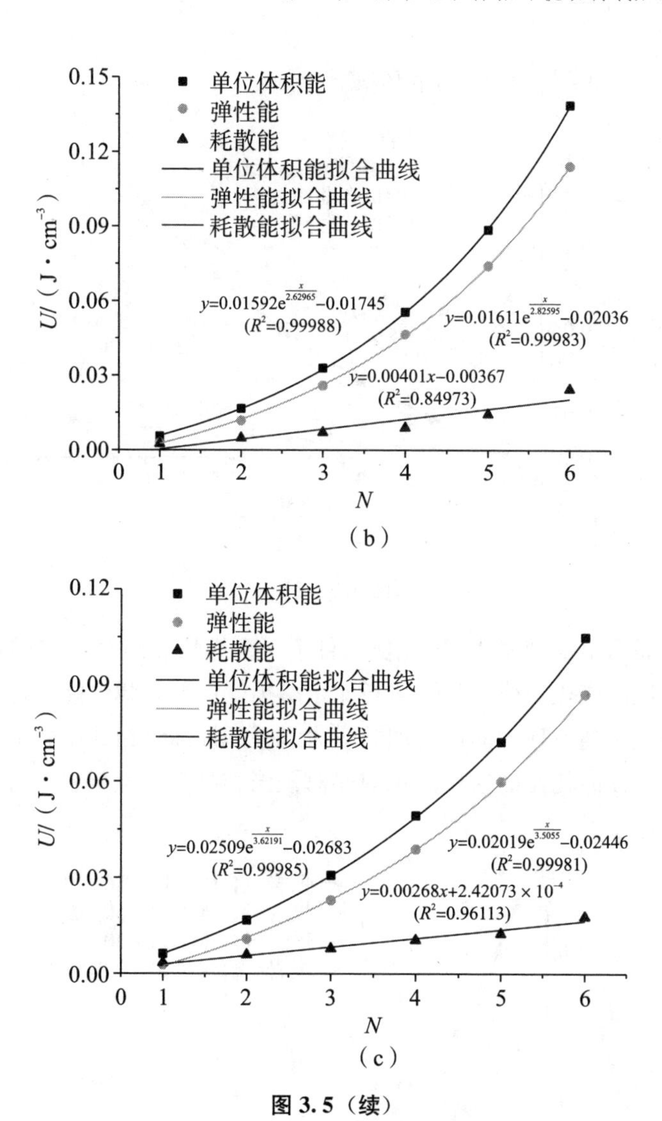
0.15
0.12
0.09
0.06
0.03
0.00
0 1 2 3 4 5 6
N
U/（J·cm⁻³）
单位体积能
弹性能
耗散能
单位体积能拟合曲线
弹性能拟合曲线
耗散能拟合曲线
$y=0.01592e^{\frac{x}{2.62965}}-0.01745$
$(R^2=0.99988)$
$y=0.01611e^{\frac{x}{2.82595}}-0.02036$
$(R^2=0.99983)$
$y=0.00401x-0.00367$
$(R^2=0.84973)$
0.12
0.09
0.06
0.03
0.00
0 1 2 3 4 5 6
N
U/（J·cm⁻³）
单位体积能
弹性能
耗散能
单位体积能拟合曲线
弹性能拟合曲线
耗散能拟合曲线
$y=0.02509e^{\frac{x}{3.62191}}-0.02683$
$(R^2=0.99985)$
$y=0.02019e^{\frac{x}{3.5055}}-0.02446$
$(R^2=0.99981)$
$y=0.00268x+2.42073\times10^{-4}$
$(R^2=0.96113)$

（b）

（c）

图 3.5（续）

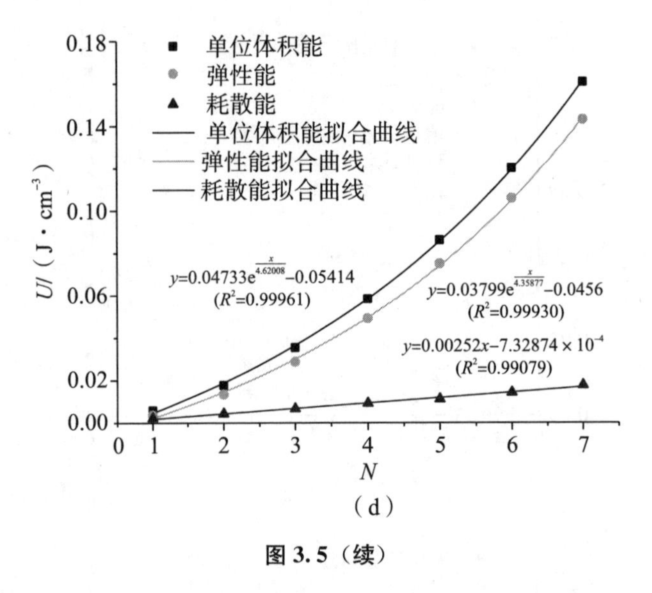

（d）

图 3.5（续）

图 3.6 展示了 4 种岩-煤-岩比例条件下，干燥煤岩组合体在破坏前每个循环弹性能耗比的变化规律，弹性能耗比定义为耗散能和弹性能的比值。由图可知，弹性能耗比随循环扰动荷载加载应力水平的提高呈指数函数减小并逐渐稳定的趋势，弹性能耗比的这一演化规律对预测和判断干燥煤岩组合体破坏过程具有重要理论意义。

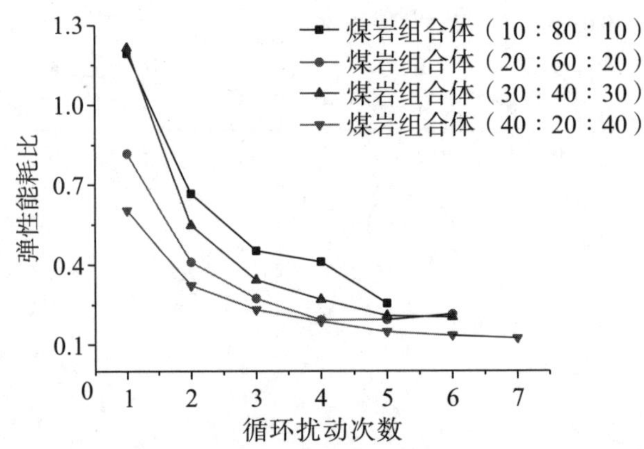

图 3.6　干燥煤岩组合体弹性能耗比随循环扰动次数的演化规律

3.1.5　干燥煤岩组合体循环扰动荷载加载破坏特征

干燥煤岩组合体循环扰动荷载加载破坏形态如图 3.7 所示［图（a）～图（d）的岩：煤：岩比例分别为 10：80：10、20：60：20、30：40：30、40：20：40］。由图可知，当岩：煤：岩比例为 10：80：10 和 20：60：20 时，煤岩组合体中的岩石组分均没有发生破坏。当岩：煤：岩比例为 30：40：30 和 40：20：40 时，煤岩组合体中的岩石组分产生了轴向拉伸裂纹。这主要是因为随着岩石组分占比的增加，煤岩组合体的强度增加，也增加了岩石组分发生破坏的可能性。

与常规单轴压缩试验相比，循环扰动荷载加载条件下的煤岩组合体表现是更为破碎。原因在于，在常规单轴压缩试验中，煤岩组合体一直处于被压缩状态，其内部的微裂纹、微孔隙等被压实后得不到重新张开的空间；并且常规单轴压缩试验时间短，其内部的微缺陷也没有时间进行充分发育，输入煤岩组合体中的能量大部分消耗在几条较大裂纹的发育上。在循环扰动荷载加载试验中，煤岩组合体内部的微裂纹等随加卸载进程不断地处于张开和闭合的过程中，这为微裂纹的发育提供了空间上的保证；并且循环扰动荷载加载试验时间长，微裂纹有充分的时间进行发育。另外，循环扰动荷载加载应力水平是一个逐级提高的过程，在常规单轴压缩试验中导致煤岩组合体破坏的大裂纹在试验中的发育受到限制，输入煤岩组合体中的能量主要消耗在小裂纹的发育上。由于微小裂纹在试样内部广泛分布，当这些小微裂纹扩展、贯通形成宏观裂纹后，煤岩组合体中的煤组分破碎状态更为明显。

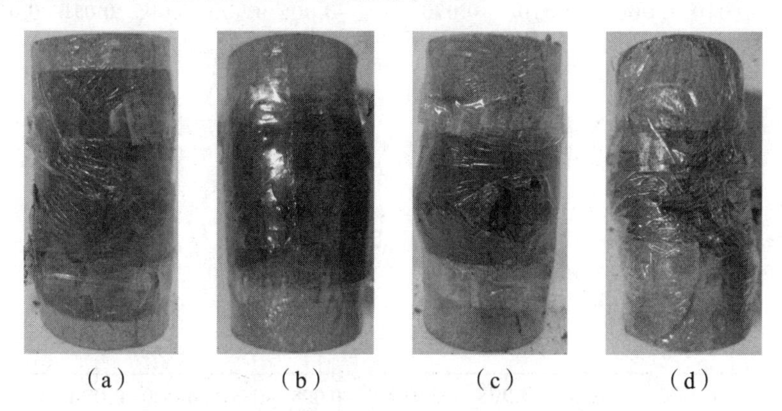

图 3.7　干燥煤岩组合体循环扰动荷载加载破坏形态

3.2　浸水煤岩组合体循环扰动荷载加载试验及分析

为研究水对煤岩组合体力学特性的影响，选择岩：煤：岩比例为 20：60：20 的组合体试样进行试验，浸水时间分别设计为 1 天、3 天、5 天和 10

天。试验过程中选择应力控制模式，加卸载速率为 0.2 kN/s。

3.2.1 浸水煤岩组合体循环扰动荷载加载应力-应变曲线

图 3.8 (a)～图 3.8 (d) 展示了不同浸水时间条件下煤岩组合体的循环扰动荷载加载应力-应变关系曲线。由图可知，在 4 种不同浸水时间煤岩组合体的循环扰动荷载加载试验中，当每一个循环结束时，其轴向应变都产生非常明显的残余应变；但环向残余应变在较低扰动应力作用下非常小，只有当扰动应力较高时才明显增大。

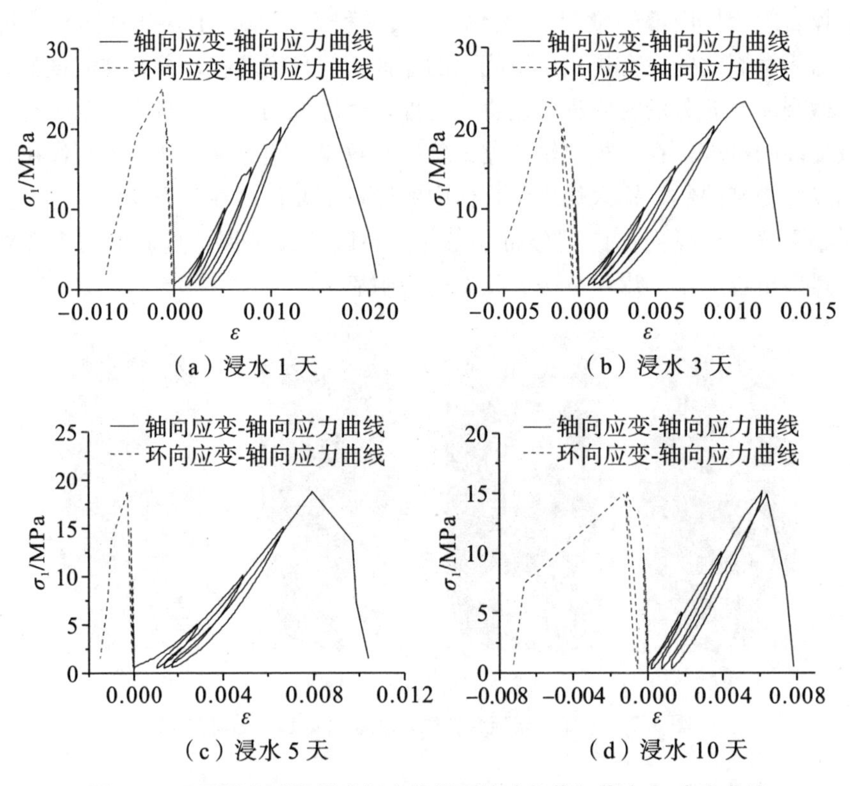

图 3.8 不同浸水时间煤岩组合体循环扰动荷载加载应力-应变曲线

3.2.2 浸水煤岩组合体循环扰动荷载加载强度特征

图 3.9 展示了煤岩组合体的峰值强度 σ_c 与浸水时间 t 之间的关系。由图可知，当浸水时间分别为 1 天、3 天、5 天和 10 天时，煤岩组合体的强度分别为

24.970 MPa、23.285 MPa、18.78 MPa 和 15.026 MPa。即随着浸水时间的增加，煤岩组合体强度呈减小的趋势。

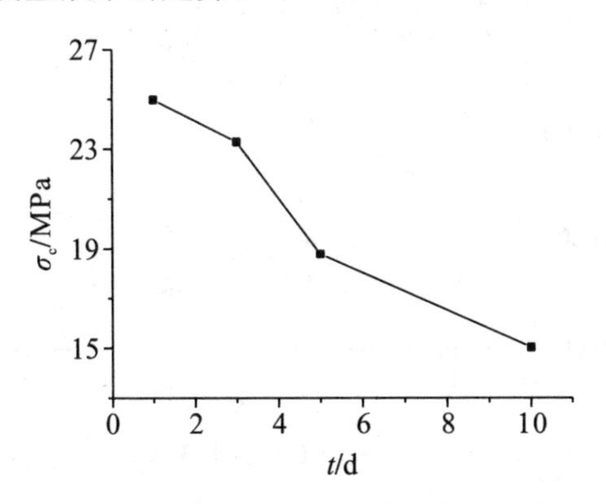

图 3.9　煤岩组合体峰值强度与浸水时间之间的关系曲线

3.1.3　浸水煤岩组合体循环扰动荷载加载应变特征

图 3.10（a）～图 3.10（d）展示了浸水煤岩组合体在破坏前的每个循环结束时的轴向应变和环向应变与循环扰动次数之间的关系曲线。由图可知，在浸水时间分别为 1 天、3 天、5 天和 10 天条件下，煤岩组合体的轴向应变随循环扰动次数的增加基本上呈线性增长，环向应变随循环扰动次数的增加基本上按指数函数下降。整体上看，煤岩组合体的轴向应变明显大于环向应变，但煤岩组合体对环向应变的破坏更为敏感。所以，环向应变比轴向应变更适合作为预测含水煤岩组合体破坏的特征参数。

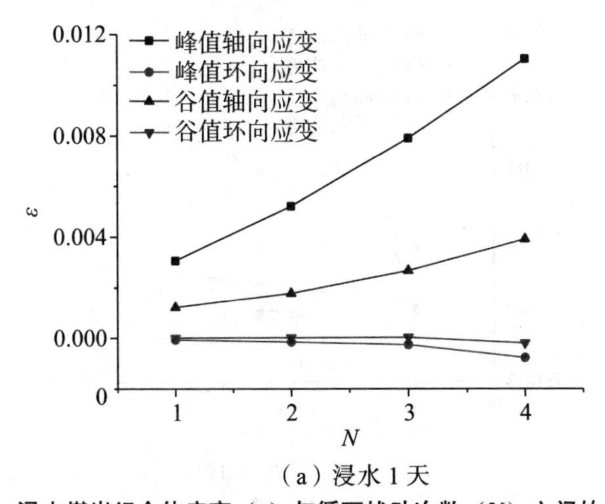

（a）浸水 1 天

图 3.10　浸水煤岩组合体应变（ε）与循环扰动次数（N）之间的关系曲线

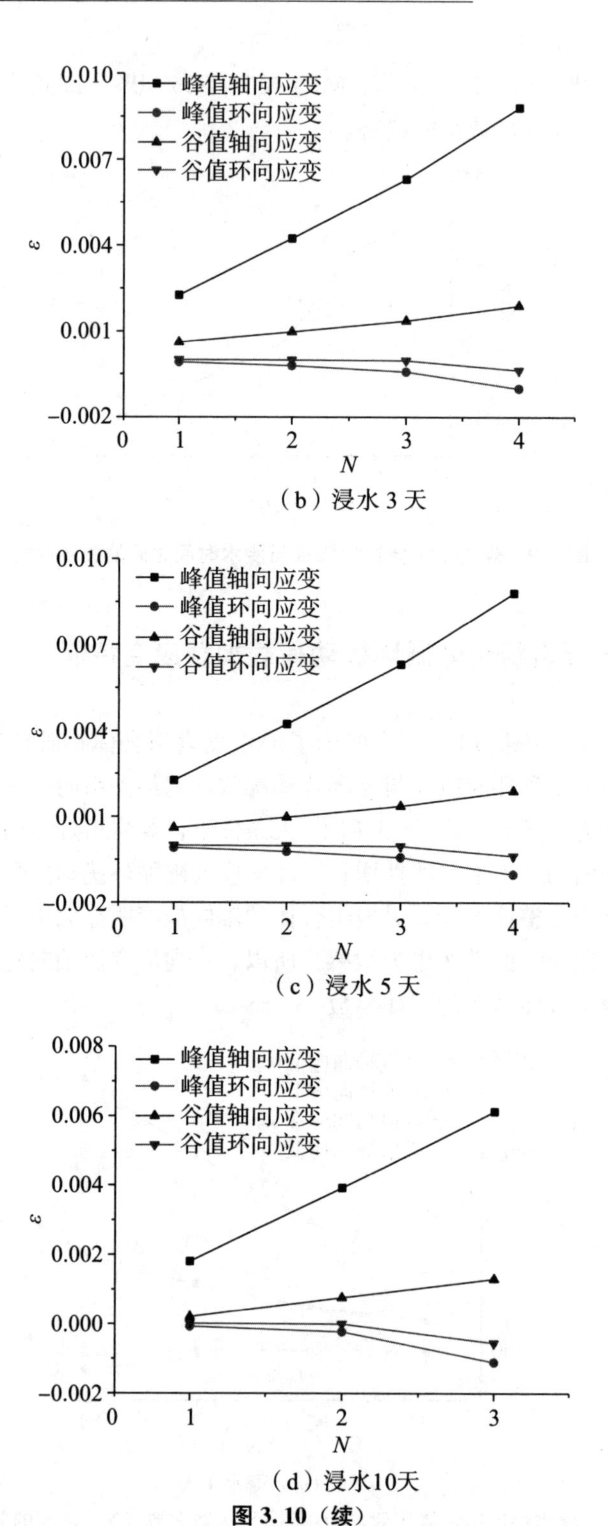

（b）浸水 3 天

（c）浸水 5 天

（d）浸水10天

图 3.10（续）

3.2.4　浸水煤岩组合体循环扰动荷载加载的能量特征

图 3.11（a）～图 3.11（d）展示了浸水煤岩组合体在破坏前每个循环的单位体积能、弹性能（绝对值）和耗散能随循环扰动次数的演化特征。由图可知，当浸水时间分别为 1 天、3 天、5 天和 10 天时，煤岩组合体的单位体积能、弹性能和耗散能均随循环扰动次数的增加按指数函数增长，且相关性非常强（R^2 均大于 0.96）。由图 3.5 和图 3.11 的对比可知，在干燥和浸水条件下，煤岩组合体的单位体积能、弹性能具有相同的演化规律，但耗散能演化规律不同。

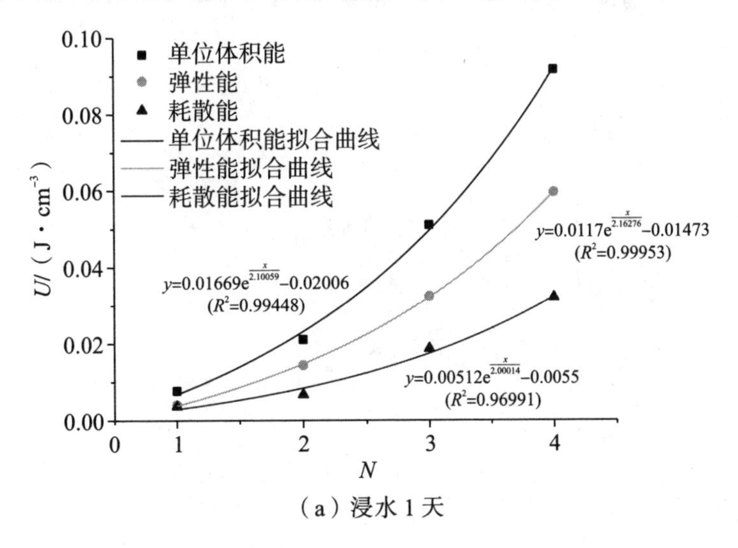

（a）浸水 1 天

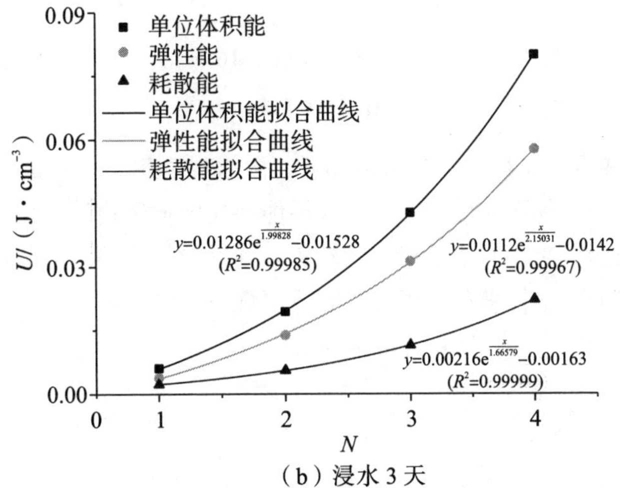

（b）浸水 3 天

图 3.11　浸水煤岩组合体能量随循环扰动次数的演化规律

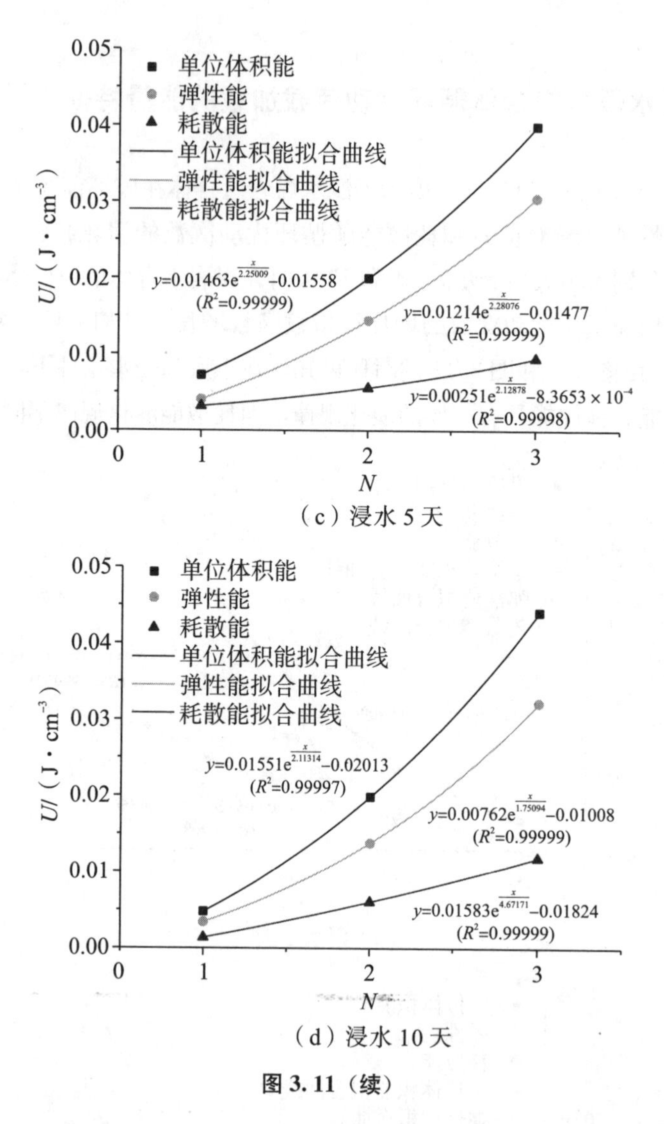

（c）浸水 5 天

（d）浸水 10 天

图 3.11（续）

图 3.12 展示了 4 种浸水时间条件下，浸水煤岩组合体在破坏前每个循环弹性能耗比的变化规律。由图可知，弹性能耗比随循环扰动荷载加载应力水平的提高呈指数函数减小并逐渐稳定的趋势，弹性能耗比的这一演化规律对预测和判断浸水煤岩组合体破坏过程也具有重要理论意义。

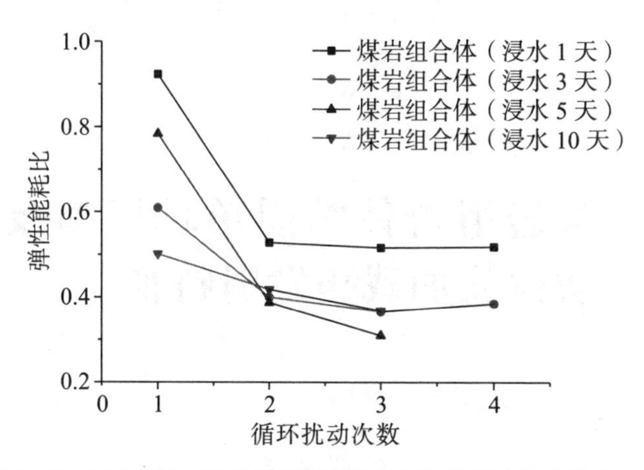

图 3.12　浸水煤岩组合体弹性能耗比随循环扰动次数的演化规律

3.2.5　浸水煤岩组合体破坏特征

浸水煤岩组合体常规单轴压缩破坏形态如图 3.13 所示。由图可知，在浸水 1 天、3 天、5 天和 10 天后，煤岩组合体循环扰动荷载加载破坏仍然以煤组分破坏为主，且表现为比常规单轴压缩时更破碎。除了循环扰动荷载加载有利于煤组分中的小裂纹发育外，另一个主要原因是水对煤组分的物理化学作用。即在水的作用下，煤组分间的黏结力降低，其塑性增强，在反复的扰动加载作用下，是有利于煤组分内部微小裂纹的发育。

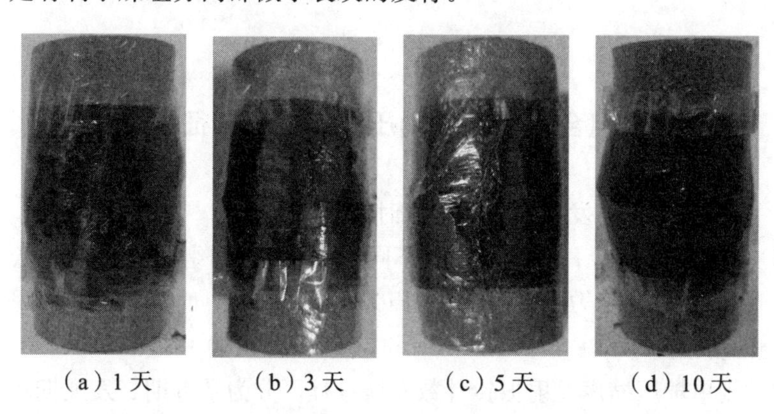

(a) 1 天　　(b) 3 天　　(c) 5 天　　(d) 10 天

图 3.13　浸水煤岩组合体循环扰动荷载加载破坏形态

第 4 章　煤岩组合体常规单轴压缩及循环扰动荷载加载声发射特征

岩石在变形和破坏过程中会以一种弹性波的形式释放应变能，从而产生声发射现象。因为声发射是伴随岩石的受力和变形破坏过程产生，所以，可以根据声发射信号特征对岩石内部的结构变化及损伤状态进行评价。因此，研究常规单轴压缩和循环扰动荷载加载条件下煤岩组合体变形破坏过程中的声发射特征，揭示其内部损伤破坏与声发射信号之间的内在联系，对评价工程煤岩体稳定性和预测其失稳破坏具有重要理论指导意义。

4.1　煤岩组合体常规单轴压缩声发射特征

4.1.1　干燥煤岩组合体常规单轴压缩声发射特征

1. 轴向应力、声发射振铃计数的时间曲线

图 4.1 (a)~图 4.1 (d) 展示了不同岩-煤-岩比例组合体在干燥状态下的常规单轴压缩轴向应力-时间曲线、声发射振铃计数-时间曲线。由图可知，4 种岩-煤-岩比例（10∶80∶10、20∶60∶20、30∶40∶30、40∶20∶40）的组合体常规单轴压缩声发射振铃计数发展过程可分为孕育期、发展期和活跃期 3 个阶段。在孕育期，煤岩组合体内部微裂隙被压密闭合，几乎没有声发射活动，声发射振铃计数率很低。随轴向应力的增加，声发射进入发展期，煤岩组合体内部微裂纹开始萌生，产生了具有一定尺度的声发射现象，但声发射振铃计数率仍然很低。随轴向应力继续增加，声发射进入活跃期，煤岩组合体内部

微裂纹开始大量萌生并扩展贯通，声发射现象显著增强，并在煤岩组合体内部发生较大局部破坏（应力显著跌落）时突增；声发射振铃计数率呈现“相对稳定、间隔突发”的特征，表明煤岩组合体内部每一次较大局部破坏都需要一定的时间孕育。

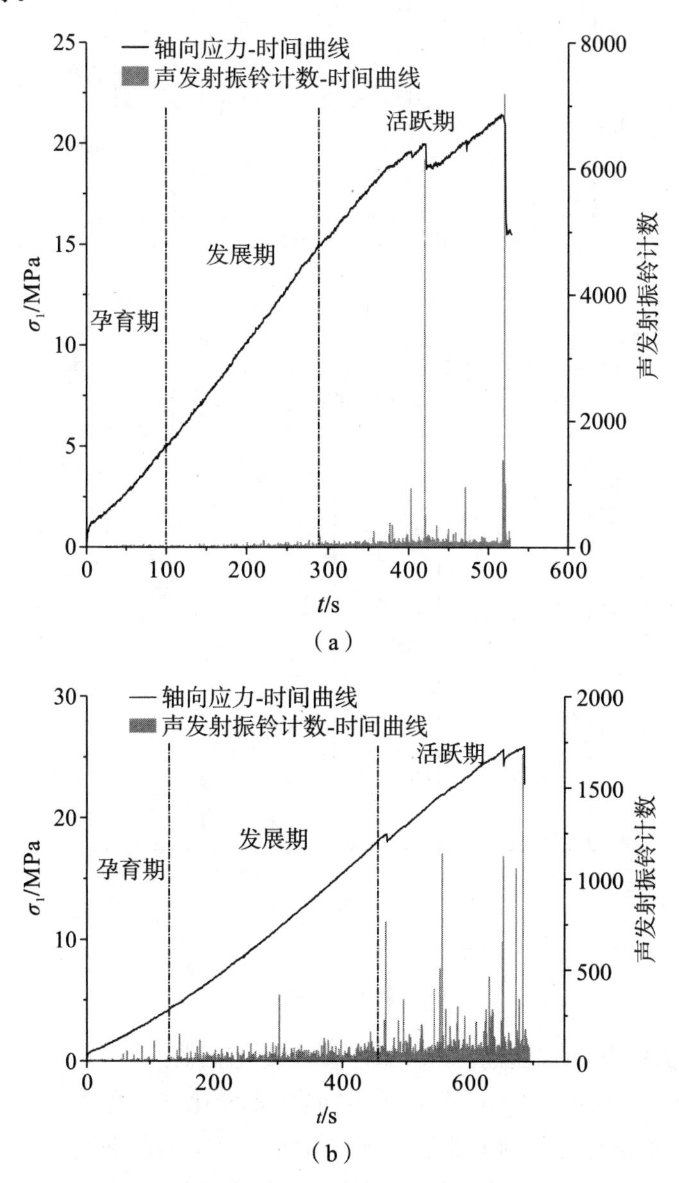

图 4.1　不同煤岩比例组合体常规单轴压缩轴向应力-时间曲线、声发射振铃计数-时间曲线

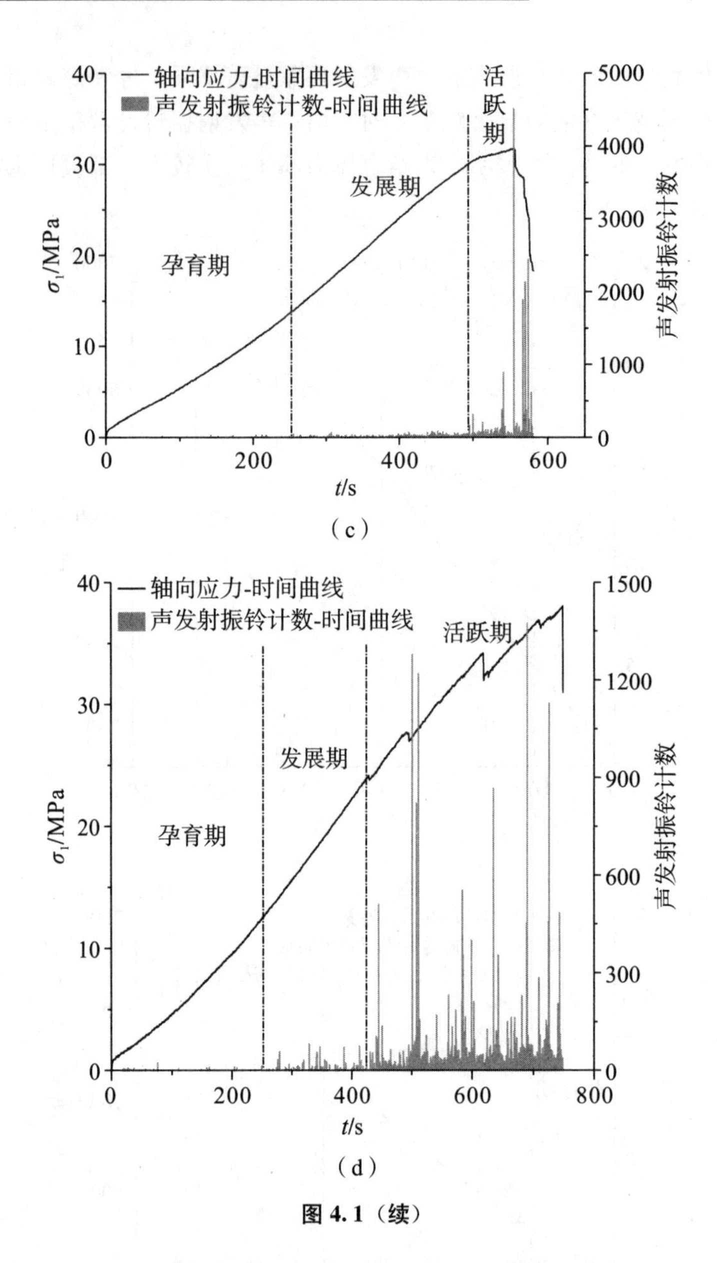

图 4.1（续）

2. 轴向应力-时间曲线、声发射能量计数-时间曲线

图 4.2（a）～图 4.2（d）展示了不同岩-煤-岩比例组合体在干燥状态下的常规单轴压缩轴向应力-时间曲线、声发射能量计数-时间曲线。由图可知，在 4 种岩-煤-岩比例（10∶80∶10、20∶60∶20、30∶40∶30、40∶20∶40）的组合体常规单轴压缩试验中，声发射能量计数与声发射振铃计数变化规律基本一致。

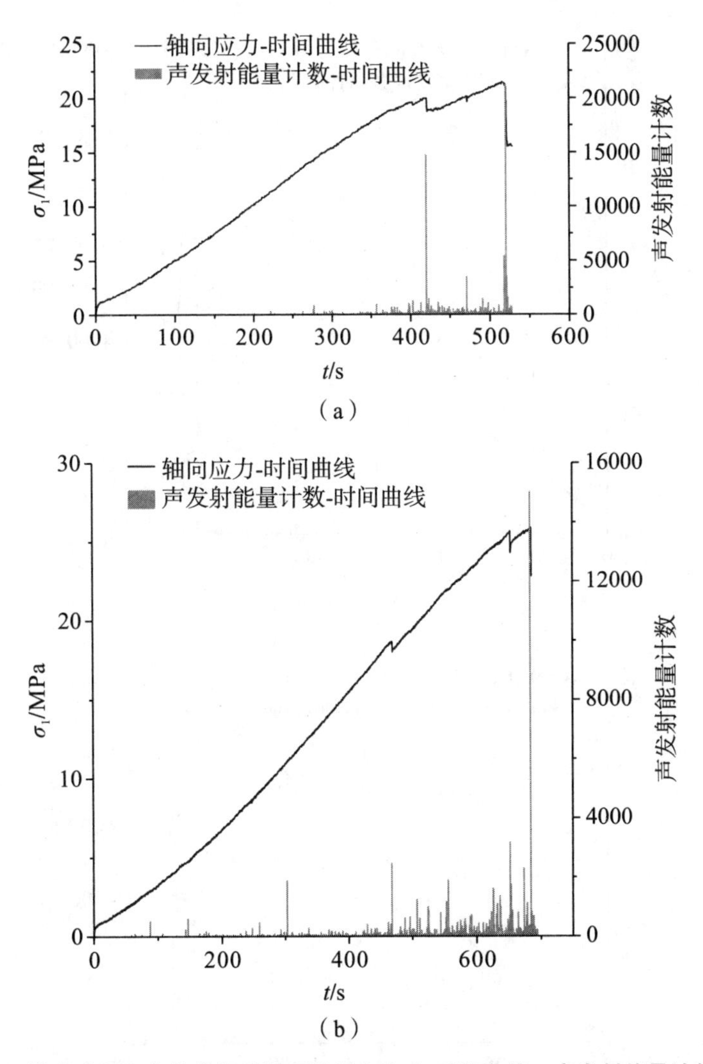

图 4.2　不同煤岩比例组合体常规单轴压缩轴向应力-时间曲线、声发射能量计数-时间曲线

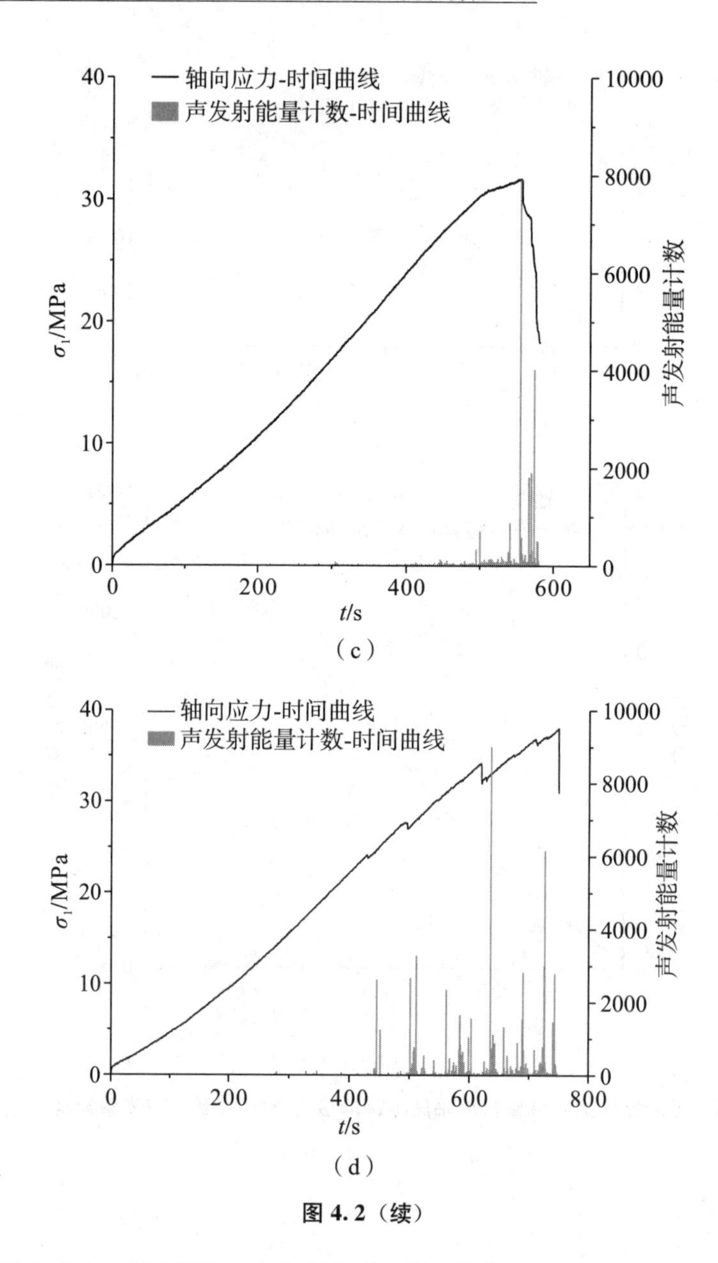

（c）

（d）

图 4.2（续）

3. 轴向应力-时间曲线、声发射幅值-时间曲线

图 4.3（a）～图 4.3（d）展示了不同岩-煤-岩比例组合体在干燥状态下的常规单轴压缩轴向应力-时间曲线、声发射幅值-时间曲线。由图可知，在 4 种岩-煤-岩比例（10∶80∶10、20∶60∶20、30∶40∶30、40∶20∶40）的组合体常规单轴压缩试验中，在压密阶段，声发射幅值出现次数较少，且主要集中在［45，60］内。在弹性阶段，声发射幅值出现次数增多，分布范围也随着加

载而扩大，主要分布范围为［45，70］。在裂纹不稳定扩展阶段，声发射幅值密集出现，主要集中在［45，80］内；但当煤岩组合体内部发生较大局部破坏（应力显著跌落）时，声发射幅值分布范围扩大为［45，98］。

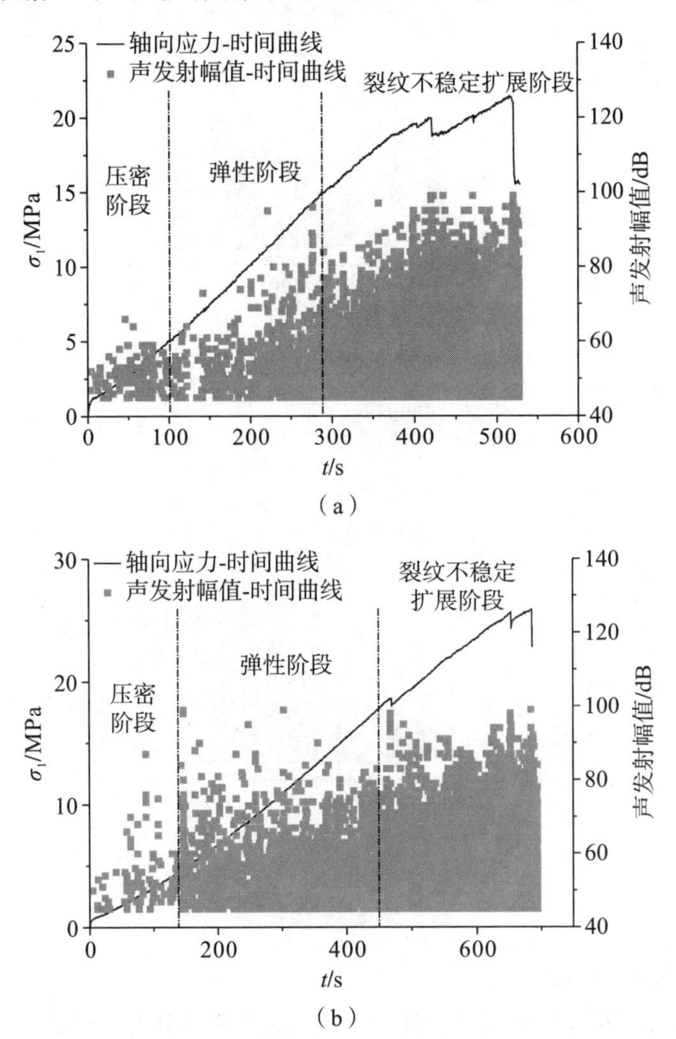

图 4.3　不同煤岩比例组合体常规单轴压缩轴向应力-时间曲线、声发射幅值-时间曲线

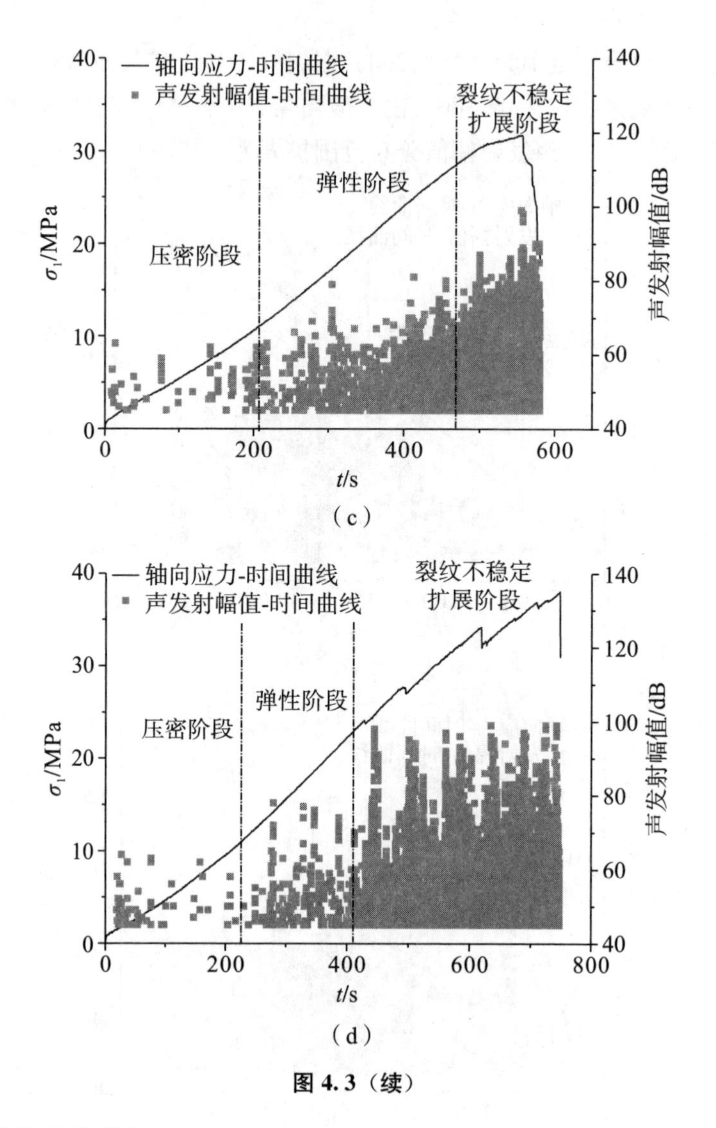

图 4.3（续）

4. 损伤演化特征

因为声发射现象与煤岩组合体内部损伤状态直接相关，所以，可以基于声发射信息构建损伤演化模型。在不考虑初始损伤的情况下，假设常规单轴压缩试验中煤岩组合体破坏时的累计声发射振铃计数为 C_d，在某一时刻的累计声发射振铃计数为 C_t，则损伤变量（D）可定义为

$$D = \frac{C_t}{C_d} \tag{4.1}$$

图 4.4（a）~图 4.4（d）展示了不同岩-煤-岩比例组合体在干燥状态下的常规单轴压缩损伤变量演化曲线。由图可知，对于损伤变量演化曲线形态来

说，在单轴条件下，该曲线在煤岩组合体产生局部破坏时发生突变或出现拐点，所以，可以根据突变点和拐点位置，结合损伤增长趋势将损伤变量演化曲线划分为以下四个阶段：微损伤阶段，此阶段对应于应力-应变曲线的压密阶段和弹性阶段前期。这一阶段产生的裂隙很少，声发射现象较少，损伤变量很小。损伤发展阶段，此阶段对应于应力-应变曲线的弹性阶段后期和裂纹不稳定扩展阶段前期。这一阶段裂隙开始大量萌生，声发射现象增强，损伤变量增长较快。损伤显著增长阶段，此阶段对应于应力-应变曲线的裂纹不稳定扩展阶段后期至峰值应力点。这一阶段裂隙大量萌生并扩展贯通，声发射现象明显增强，损伤变量迅速增大。损伤破坏阶段，此阶段对应于应力-应变曲线的峰后阶段。这一阶段随着加载的进行，煤岩组合体沿主破裂面产生滑动破坏，新生裂纹明显减少，声发射现象也减弱，损伤变量增长速度放缓。

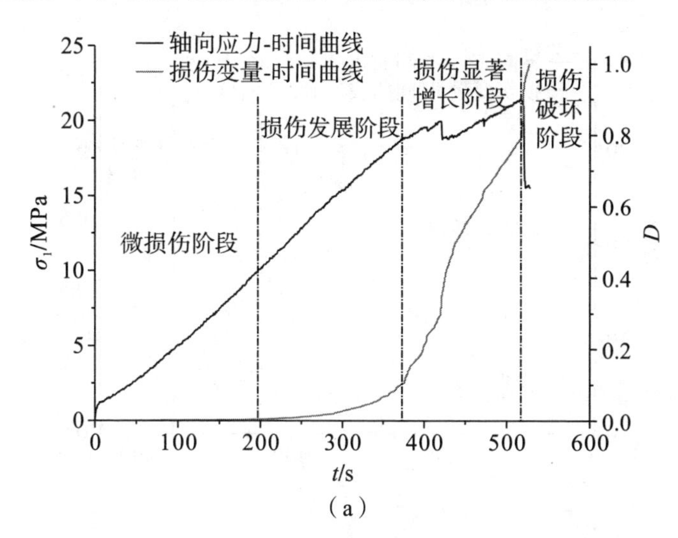

(a)

图 4.4　不同煤岩比例组合体常规单轴压缩损伤变量演化曲线

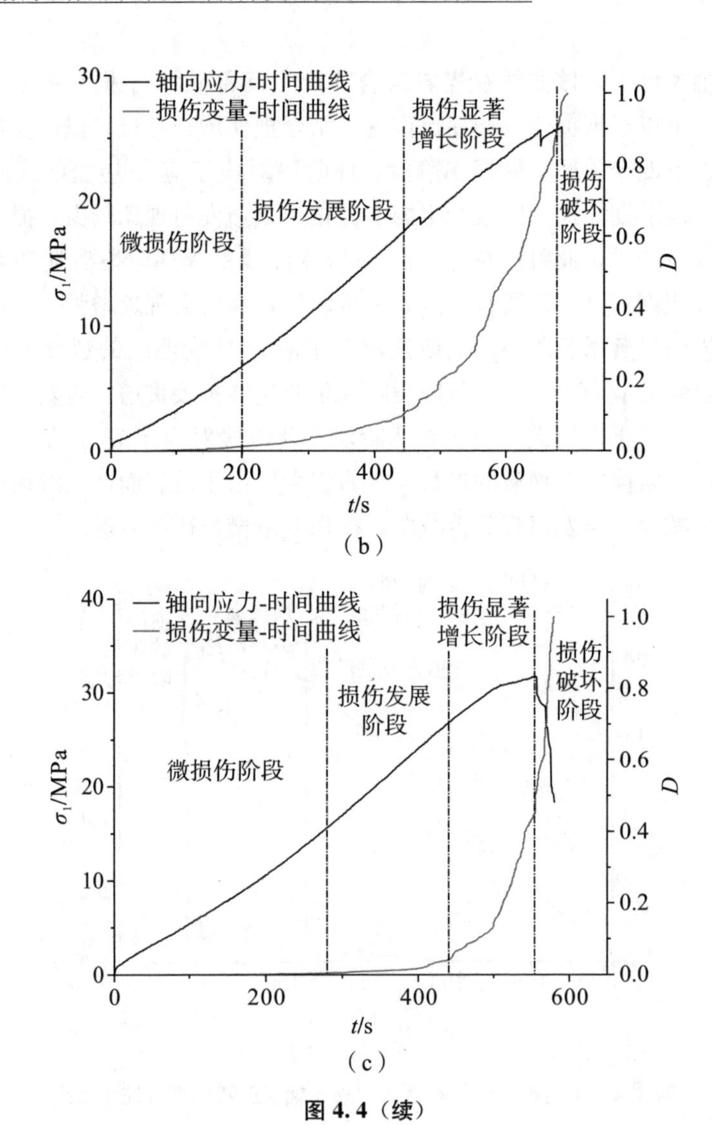

轴向应力-时间曲线
损伤变量-时间曲线
微损伤阶段
损伤发展阶段
损伤显著增长阶段
损伤破坏阶段
σ_1/MPa
D
t/s
（b）
轴向应力-时间曲线
损伤变量-时间曲线
微损伤阶段
损伤发展阶段
损伤显著增长阶段
损伤破坏阶段
σ_1/MPa
D
t/s
（c）

图 4.4（续）

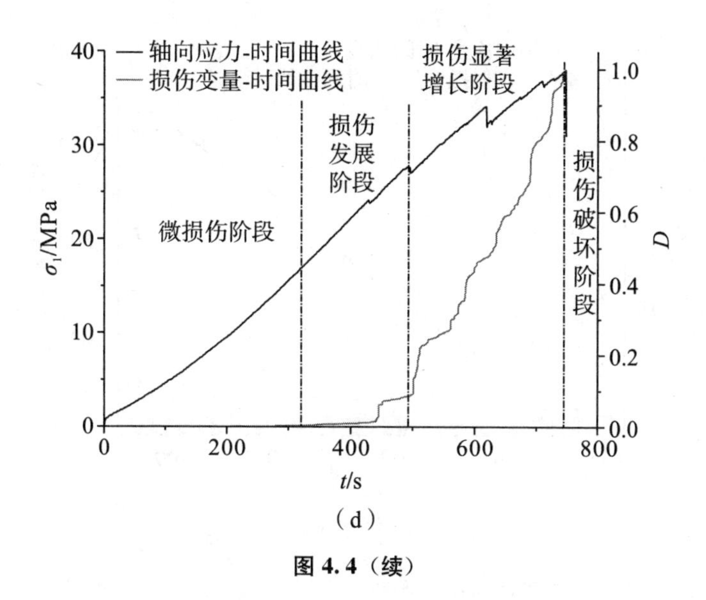

（d）

图 4.4（续）

4.1.2　浸水煤岩组合体常规单轴压缩声发射特征

1. 轴向应力-时间曲线、声发射振铃计数-时间曲线

图 4.5（a）～图 4.5（d）展示了不同浸水时间条件下煤岩组合体常规单轴压缩轴向应力-时间曲线、声发射振铃计数-时间曲线。由图可知，浸水煤岩组合体常规单轴压缩声发射振铃计数与干燥煤岩组合体存在明显差异。在水的作用下，煤岩组合体塑性增强且容易发生变形破坏，导致在整个加载过程中均有声发射现象产生；但只有当煤岩组合体内部发生较大局部破坏（应力显著跌落）时声发射振铃计数才显著增大。

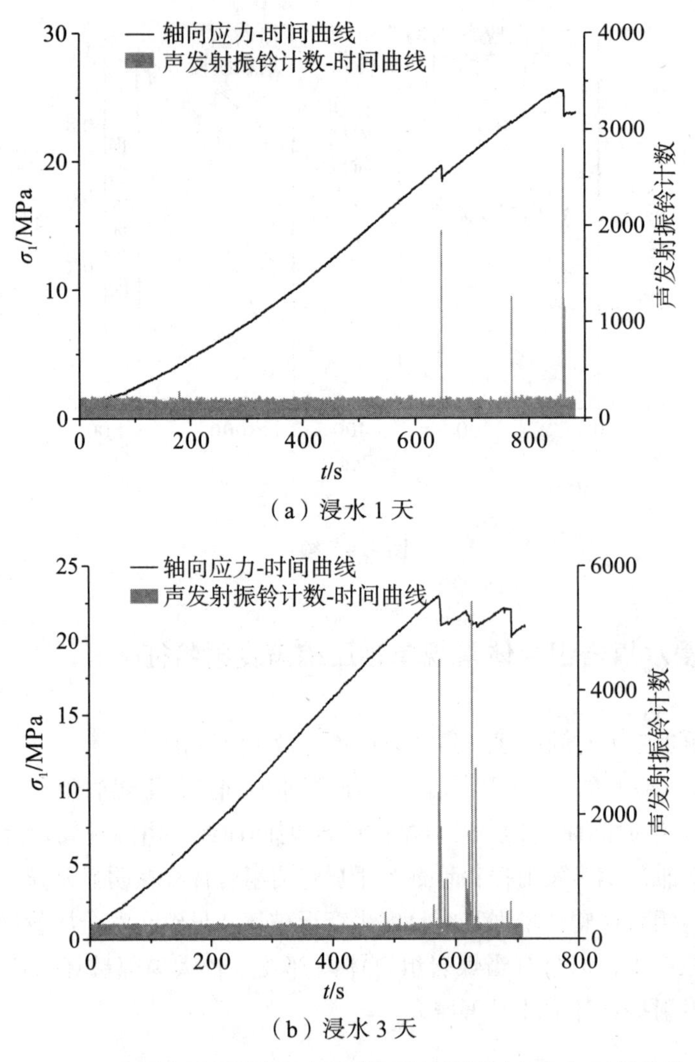

（a）浸水 1 天

（b）浸水 3 天

图 4.5　不同浸水时间煤岩组合体常规单轴压缩轴向应力-时间曲线、声发射振铃计数-时间曲线

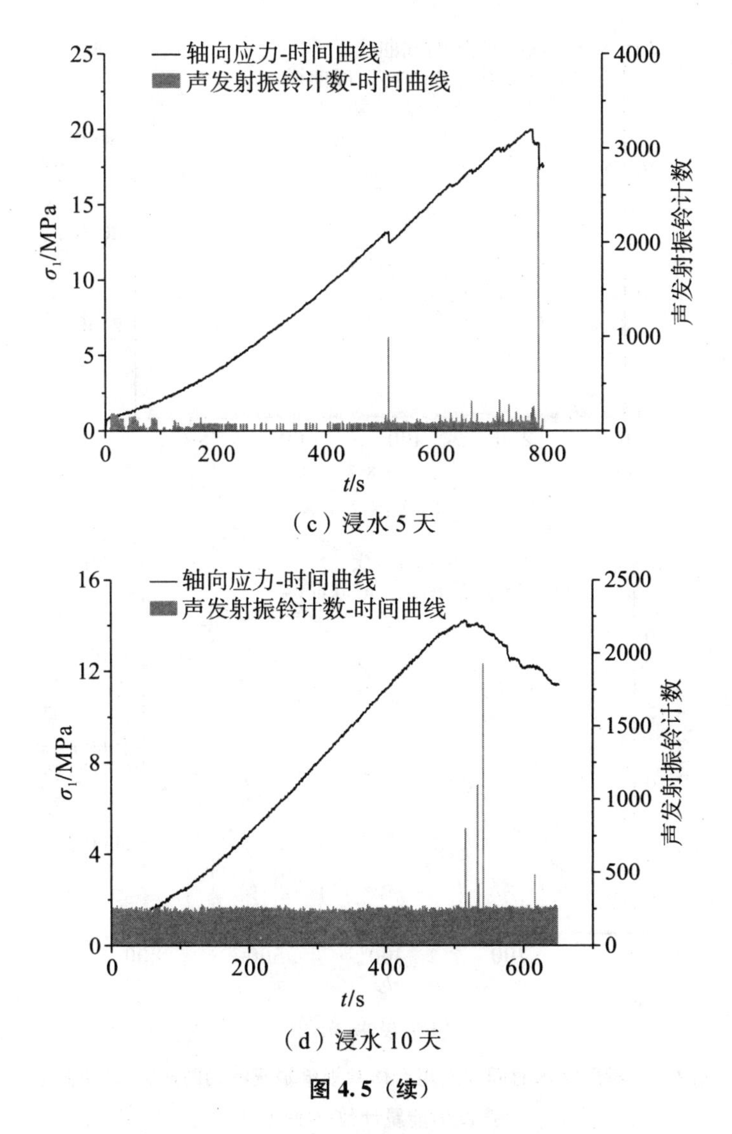

（c）浸水 5 天

（d）浸水 10 天

图 4.5（续）

2. 轴向应力-时间曲线、声发射能量计数-时间曲线

图 4.6（a）～图 4.6（d）展示了不同浸水时间条件下煤岩组合体常规单轴压缩轴向应力-时间曲线、声发射能量计数-时间曲线。由图可知，在不同浸水时间煤岩组合体常规单轴压缩试验中，声发射能量计数与声发射振铃计数变化规律基本一致。

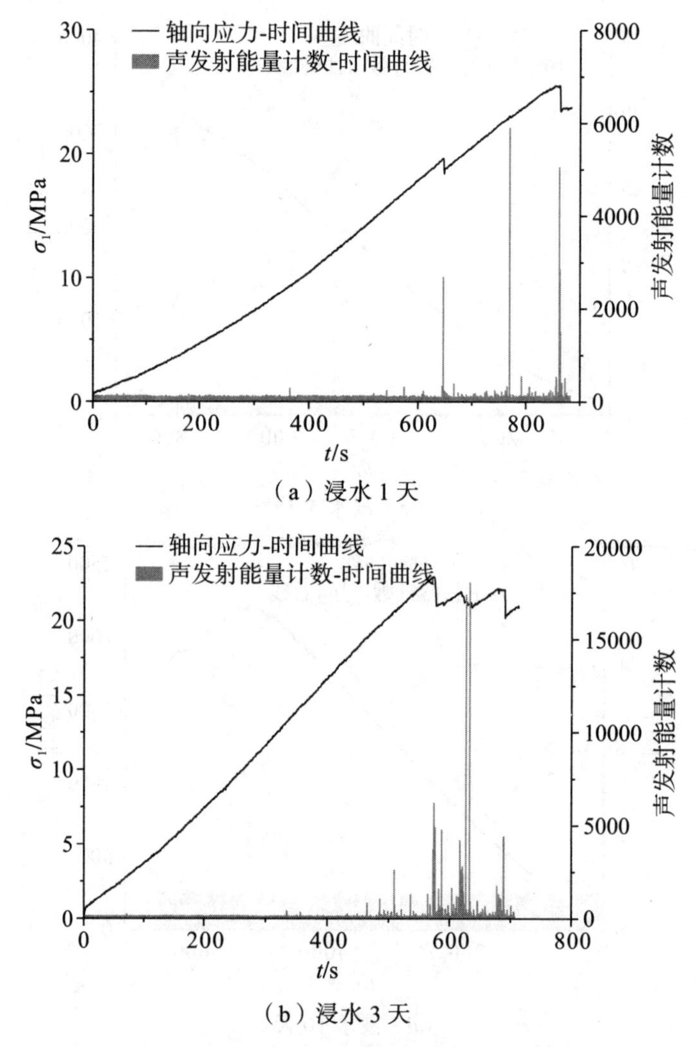

（a）浸水 1 天

（b）浸水 3 天

图 4.6　不同浸水时间煤岩组合体常规单轴压缩轴向应力-时间曲线、声发射能量计数-时间曲线

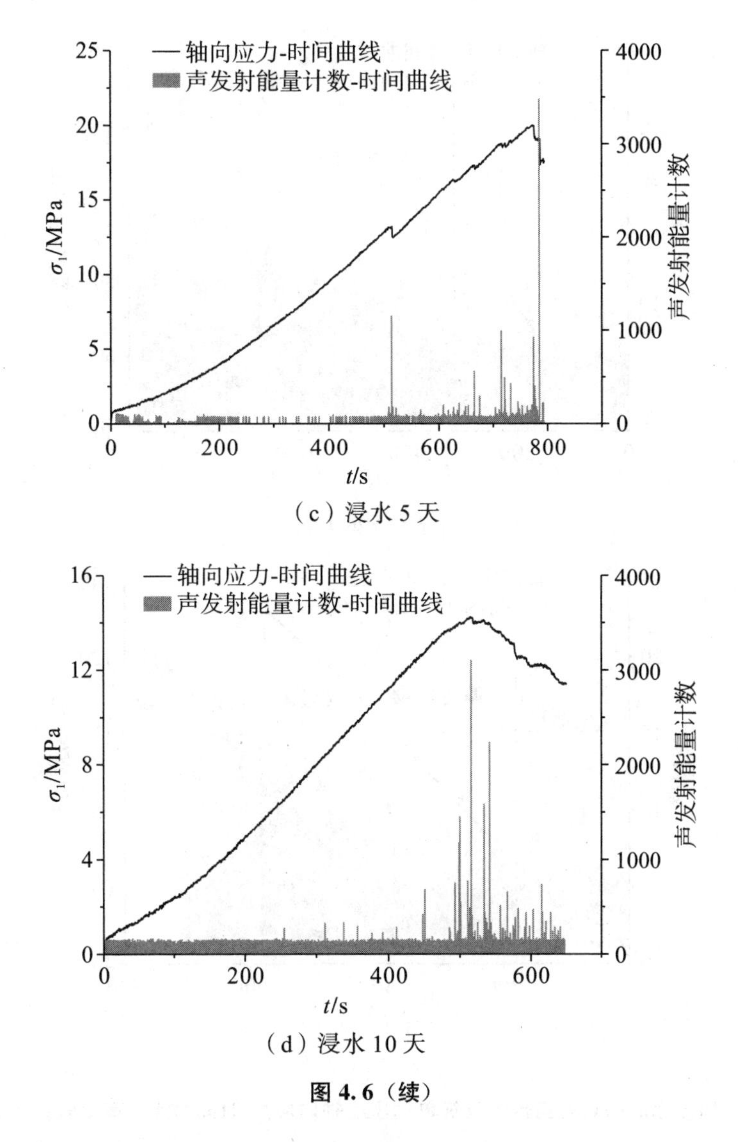

（c）浸水 5 天

（d）浸水 10 天

图 4.6（续）

3. 轴向应力-时间曲线、声发射幅值-时间曲线

图 4.7（a）～图 4.7（d）展示了不同浸水时间条件下煤岩组合体常规单轴压缩轴向应力-时间曲线、声发射幅值-时间曲线。由图可知，浸水煤岩组合体常规单轴压缩声发射幅值与干燥煤岩组合体也存在明显差异。在水的作用下，煤岩组合体塑性增强且容易发生变形破坏，所以在整个加载过程中产生的声发射幅值均比较多。在压密阶段，声发射幅值主要集中在［45，65］。在弹性阶段，声发射幅值分布范围扩大，主要分布范围为［45，70］。在裂纹不稳定扩展阶段，声发射幅值更加密集，主要集中在［45，90］。

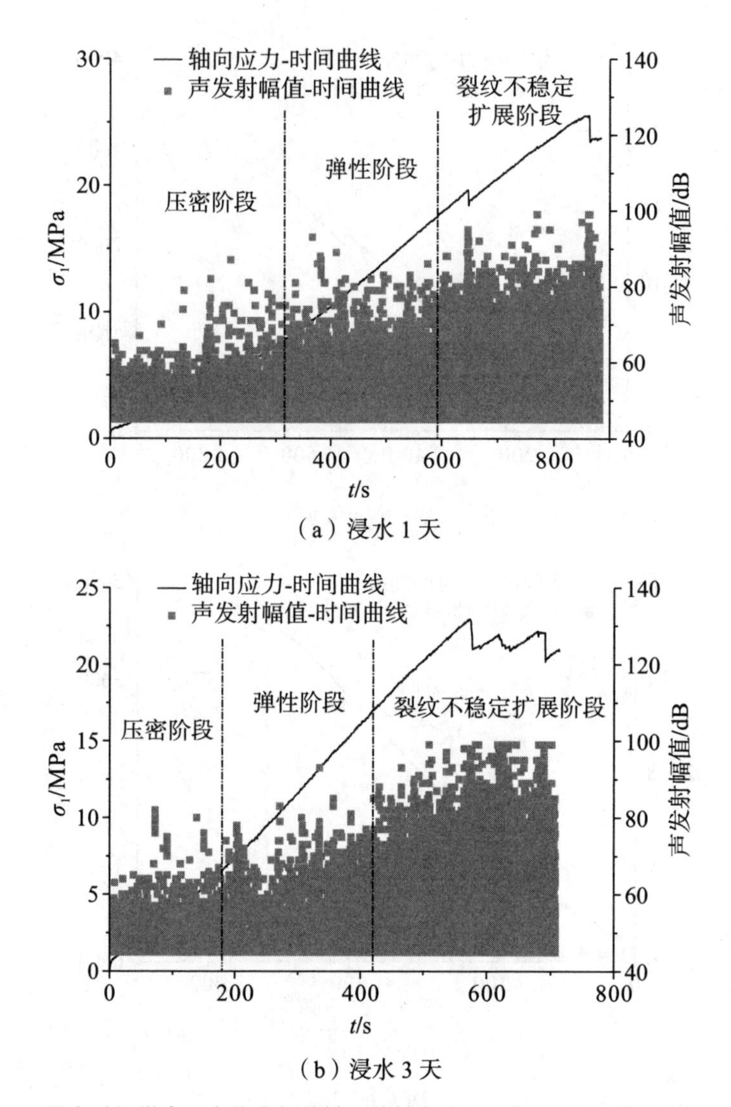

（a）浸水 1 天

（b）浸水 3 天

图 4.7　不同浸水时间煤岩组合体常规单轴压缩轴向应力-时间曲线、声发射幅值-时间曲线

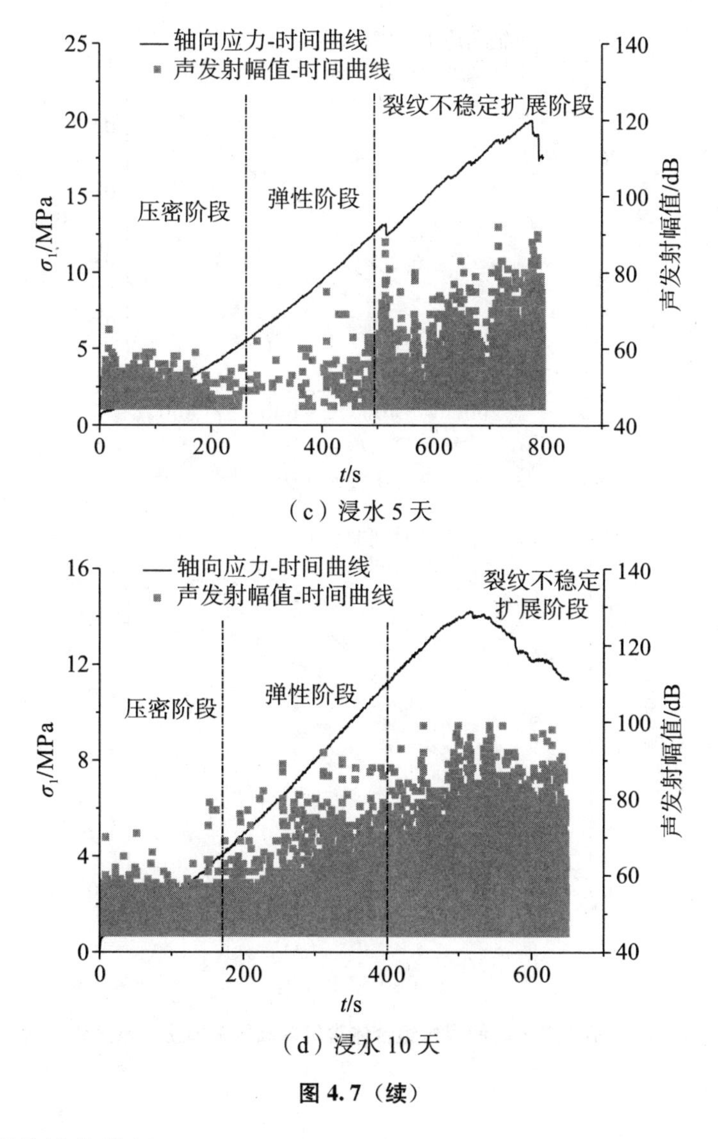

（c）浸水 5 天

（d）浸水 10 天

图 4.7（续）

4. 损伤演化特征

图 4.8（a）～图 4.8（d）展示了不同浸水时间条件下煤岩组合体常规单轴压缩损伤变量演化曲线。由图可知，浸水煤岩组合体常规单轴压缩声发射损伤变量演化与干燥煤岩组合体存在明显差异。在水的作用下，煤岩组合体塑性增强且容易发生变形破坏，导致在整个加载过程中均有声发射现象产生；所以，浸水煤岩组合体损伤变量演化曲线近似为直线，没有明显的阶段划分。

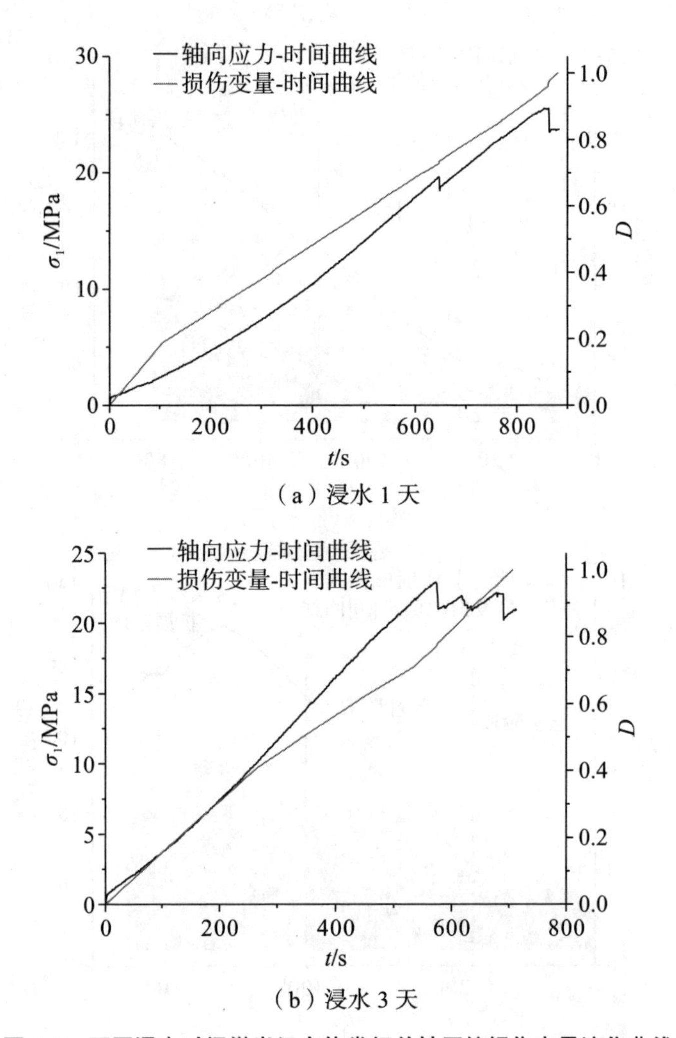

（a）浸水 1 天

（b）浸水 3 天

图 4.8　不同浸水时间煤岩组合体常规单轴压缩损伤变量演化曲线

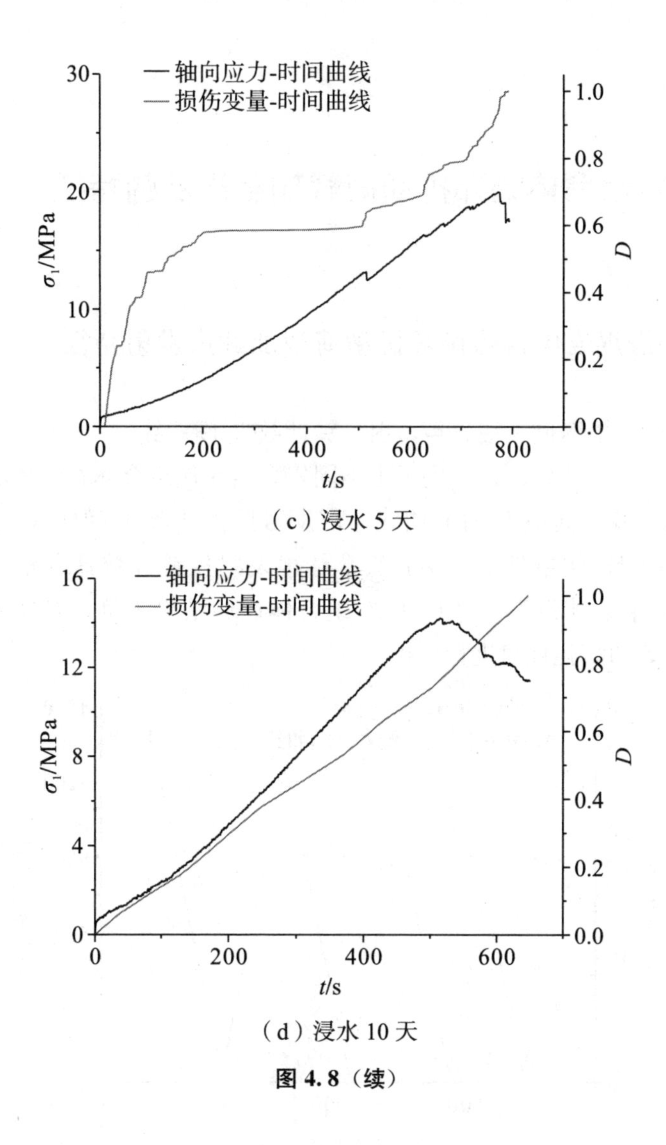

（c）浸水 5 天

（d）浸水 10 天

图 4.8（续）

4.2 煤岩组合体循环扰动荷载加载声发射特征

4.2.1 干燥煤岩组合体循环扰动荷载加载声发射特征

1. 轴向应力-时间曲线、声发射振铃计数-时间曲线

图 4.9（a）~图 4.9（d）展示了不同岩煤岩比例组合体在干燥状态下的循环扰动荷载加载轴向应力-时间曲线、声发射振铃计数-时间曲线。由图可知，在 4 种岩-煤-岩比例条件下，煤岩组合体声发射振铃计数具有相同的变化规律。现以岩-煤-岩比例为 20∶60∶20 组合体试验结果为例，对煤岩组合体声发射振铃计数的演化规律进行分析。

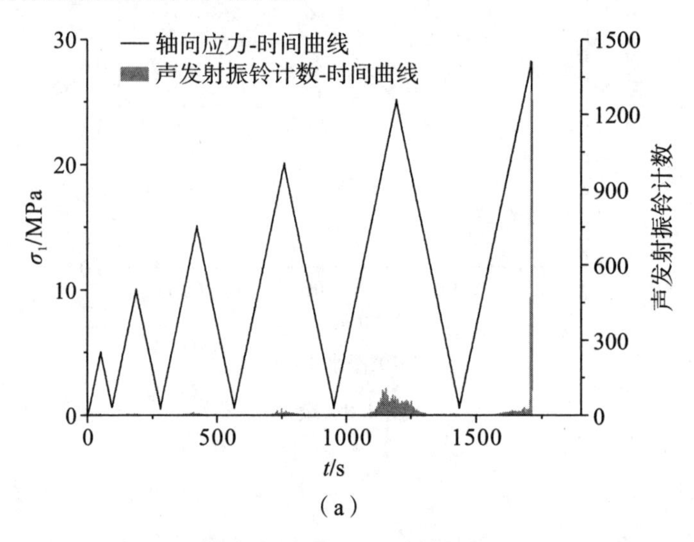

（a）

图 4.9　不同煤岩比例组合体循环扰动荷载加载轴向应力-时间曲线、声发射振铃计数-时间曲线

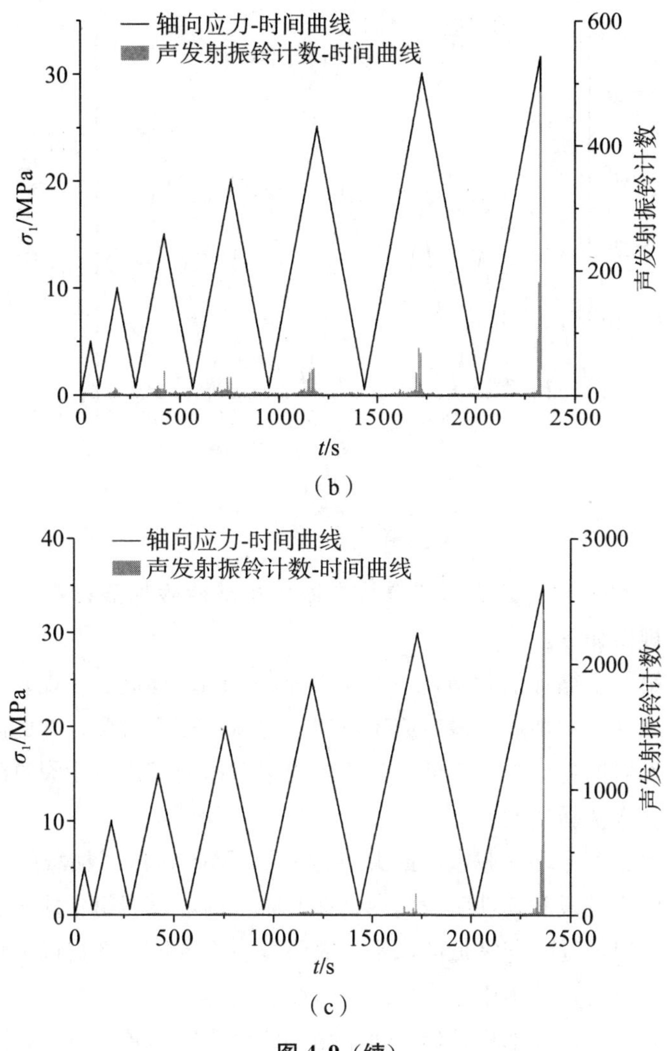

— 轴向应力-时间曲线
声发射振铃计数-时间曲线
σ_1/MPa
声发射振铃计数
t/s
0
10
20
30
0
200
400
600
0
500
1000
1500
2000
2500
(b)
— 轴向应力-时间曲线
声发射振铃计数-时间曲线
σ_1/MPa
声发射振铃计数
t/s
0
10
20
30
40
0
1000
2000
3000
0
500
1000
1500
2000
2500
(c)

图 4.9（续）

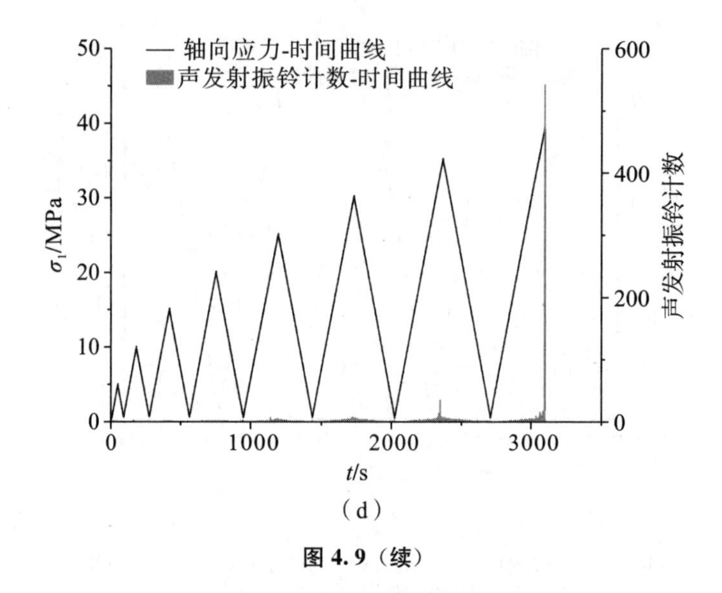

(d)

图 4.9(续)

由图 4.9(b)可知，煤岩组合体在循环扰动荷载加载过程中的声发射振铃计数变化规律如下：

(1)在第一个循环加载中，最大应力为 5 MPa，远远小于煤岩组合体的峰值强度。所以，这一加载阶段对应于煤岩组合体的压密阶段。在此阶段内，煤岩组合体声发射振铃计数非常低，表明煤岩组合体内部以微小裂纹的压密和闭合为主，不会产生新生裂纹。

(2)在第二个循环加载中，最大应力为 10 MPa，这一加载阶段对应于煤岩组合体的压密阶段和弹性阶段前期。在此阶段内，煤岩组合体声发射振铃计数有所增大，但仍处于非常低的水平，表明煤岩组合体内部仍以大量微小裂纹的压密和闭合为主，基本不会产生新生裂纹。

(3)从第三个循环加载开始，每个循环的峰值应力越来越大，声发射开始变得频繁，但声发射主要发生在加载阶段，表现为声发射振铃计数较高，在卸载阶段则较小甚至降低为 0。另外，在煤岩组合体破坏前，声发射振铃计数有一个明显增加，表明煤岩组合体在完全破坏前其内部会产生大裂纹。此外，在煤岩组合体破坏瞬间，声发射振铃计数也保持在较高水平。

2. 轴向应力-时间曲线、声发射能量计数-时间曲线

图 4.10(a)~图 4.10(d)展示了不同岩-煤-岩比例组合体在干燥状态下的循环扰动荷载加载轴向应力-时间曲线、声发射能量计数-时间曲线。

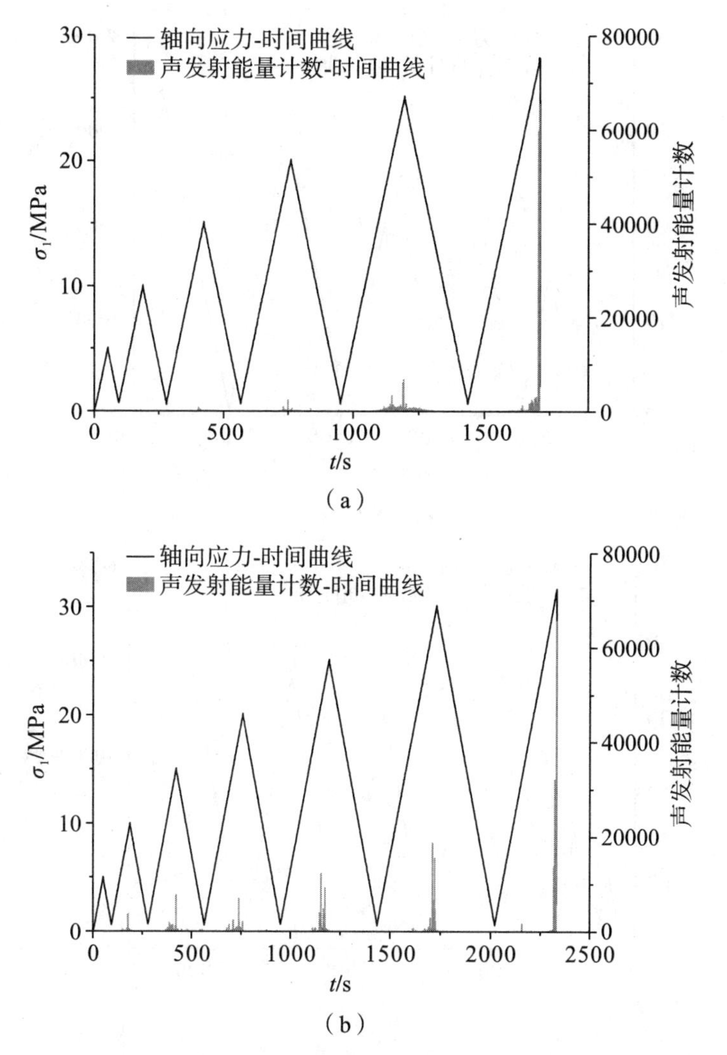

图 4.10　不同煤岩比例组合体循环扰动荷载加载轴向应力-时间曲线、声发射能量计数-时间曲线

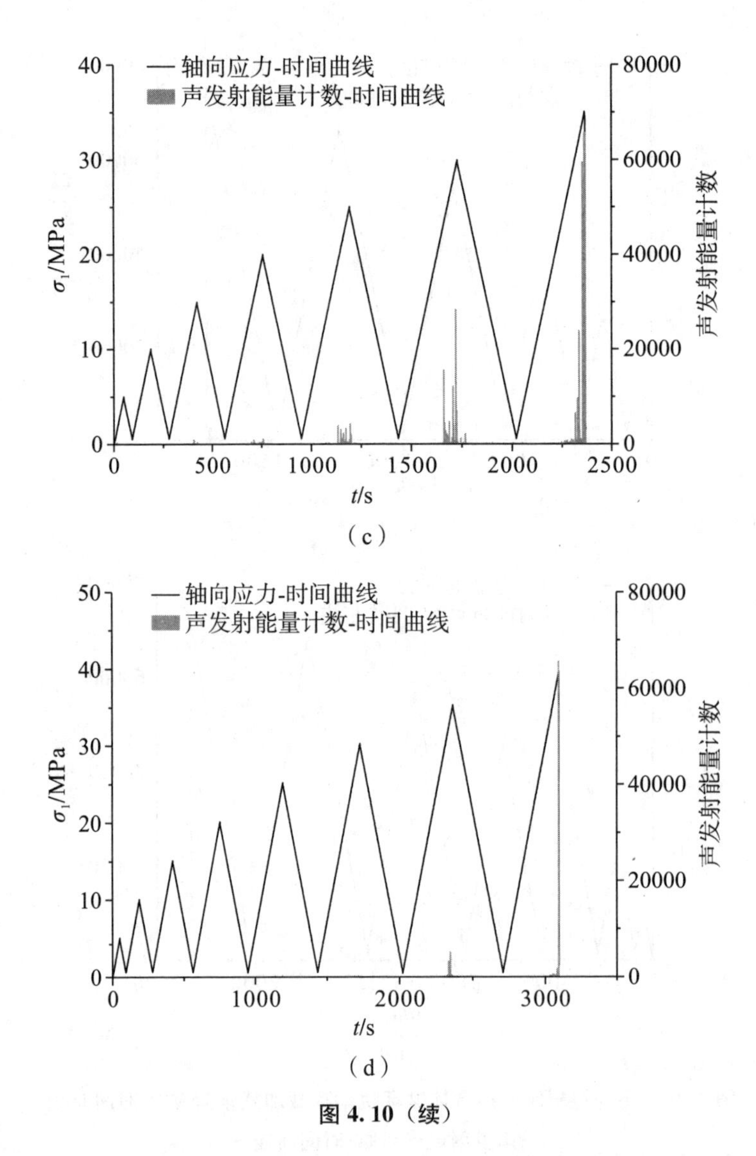

图 4.10（续）

由图 4.9 和图 4.10 的对比可知，在 4 种岩-煤-岩比例的组合体循环扰动荷载加载试验中，声发射能量计数与声发射振铃计数变化规律基本一致。

3. 轴向应力-时间曲线、声发射幅值-时间曲线

图 4.11（a）～图 4.11（d）展示了不同岩-煤-岩比例组合体在干燥状态下的循环扰动荷载加载轴向应力-时间曲线、声发射幅值-时间曲线。由图可知，在 4 种岩-煤-岩比例的组合体循环扰动荷载加载试验中，在前三个循环加载中，声发射幅值出现次数较少且主要集中在［40，50］。从第四个循环加载开始，声发射幅值出现次数明显增多，分布范围也随着循环扰动荷载加载而扩

大，主要分布范围为［40，60］。在最后两个循环加载中，声发射幅值密集出现且幅值明显增大，主要集中在［40，90］，当扰动应力水平较高或煤岩组合体破坏循环加载时，声发射幅值分布范围进一步扩大为［40，105］。由此可知，声发射幅值的大小及出现次数在一定程度上反映了干燥煤岩组合体的损伤破坏状态。

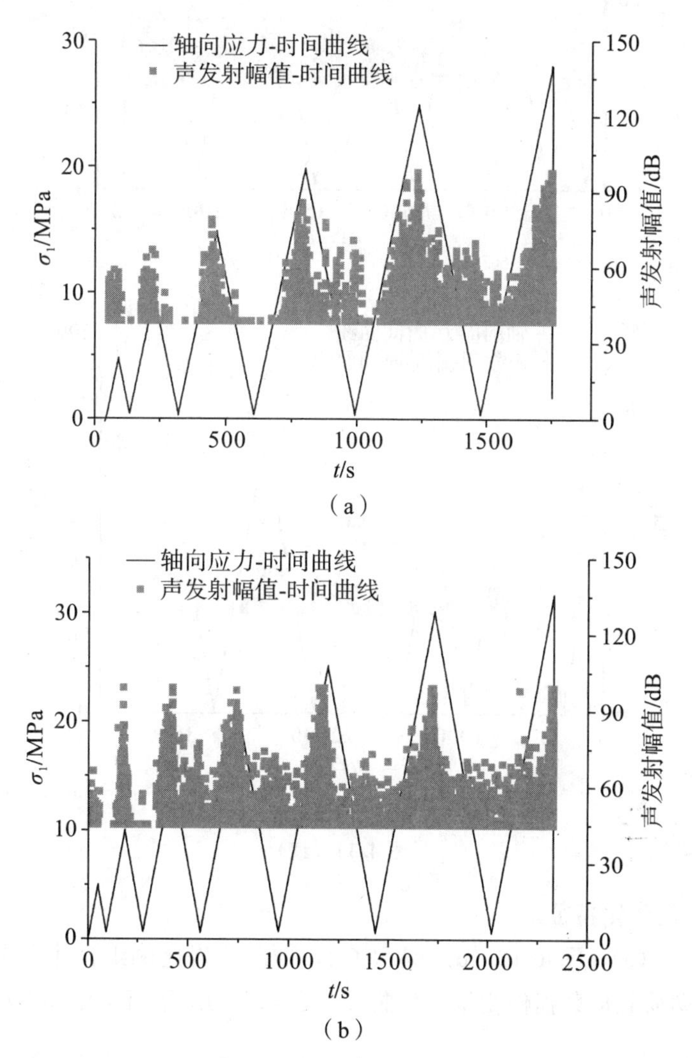

图4.11　不同煤岩比例组合体循环扰动荷载加载轴向应力-时间曲线、声发射幅值-时间曲线

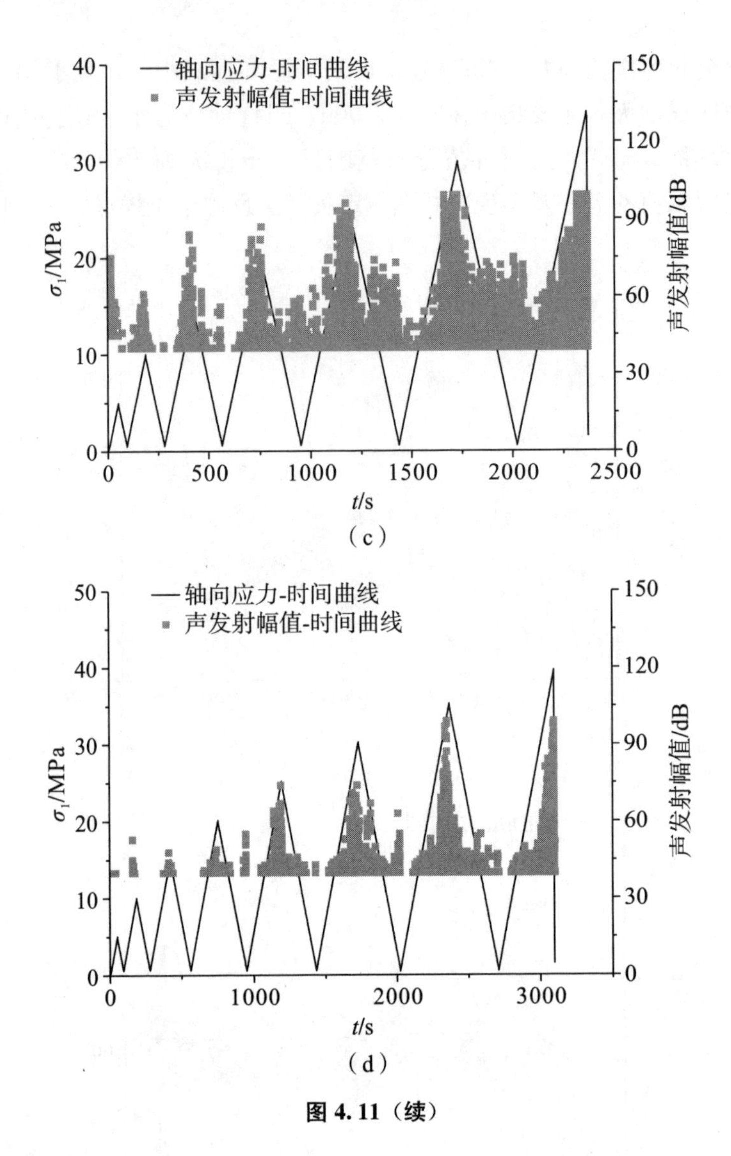

图 4.11（续）

4. 损伤演化特征

图 4.12（a）~图 4.12（d）展示了不同岩-煤-岩比例组合体在干燥状态下的循环扰动荷载加载损伤变量演化曲线，表 4.1 列出了每个循环加载结束时的损伤变量。

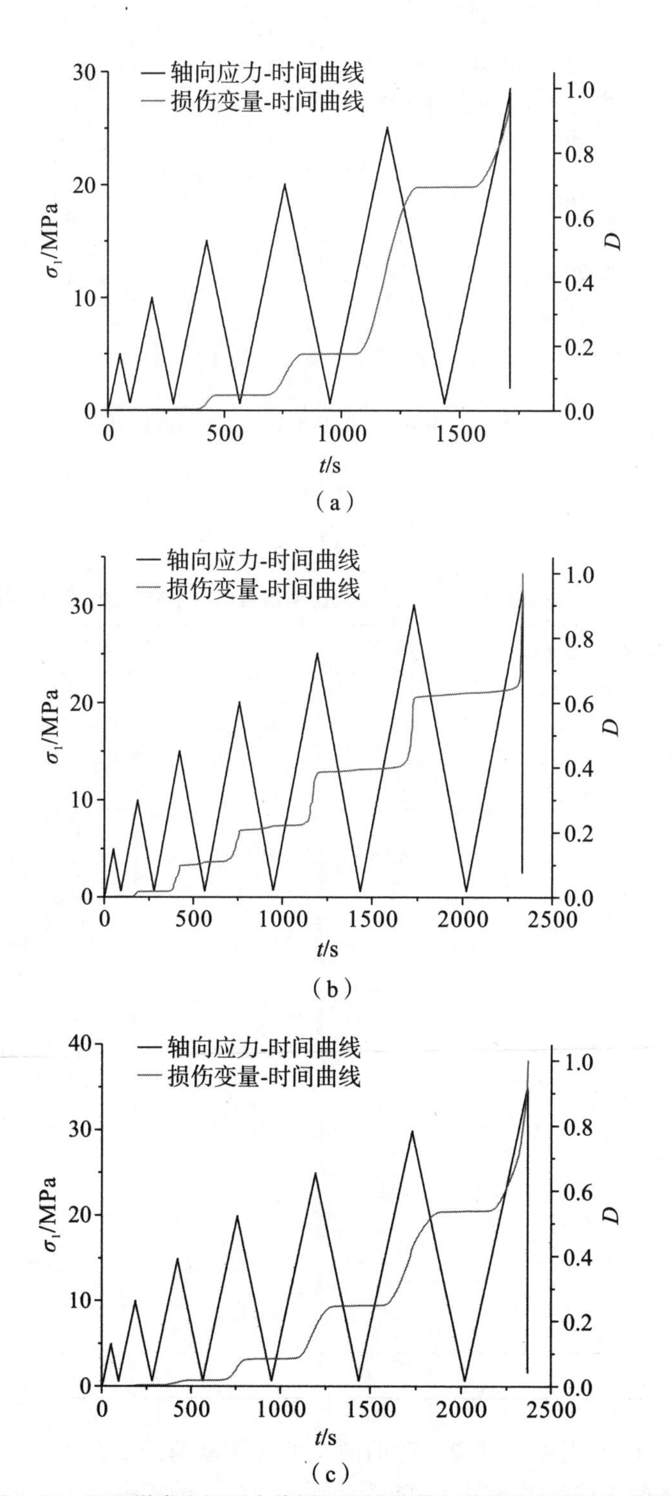

图4.12　不同煤岩比例组合体循环扰动荷载加载损伤变量演化曲线

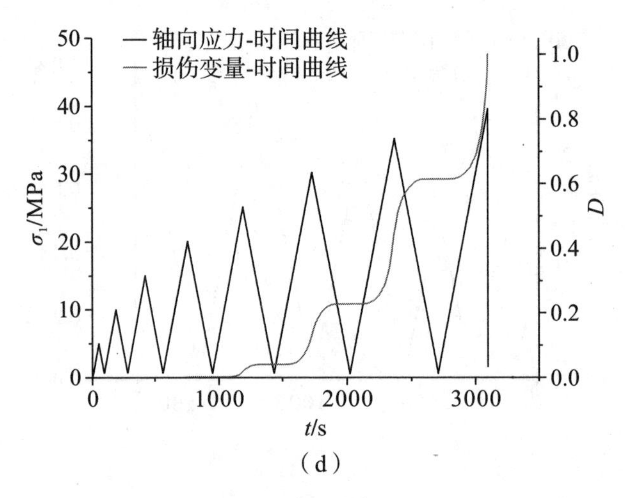

（d）

图 4.12（续）

表 4.1　循环扰动荷载加载条件下不同煤岩比例组合体每个循环加载结束时的损伤变量

岩∶煤∶岩比例	循环数	损伤变量	岩∶煤∶岩比例	循环数	损伤变量
10∶80∶10	1	0.001	30∶40∶30	1	0.001
	2	0.002		2	0.002
	3	0.057		3	0.004
	4	0.192		4	0.103
	5	0.693		5	0.255
	6	1.000		6	0.544
	7	—		7	1.000
	—	—		8	—
20∶60∶20	1	0.001	40∶20∶40	1	0.0001
	2	0.003		2	0.0002
	3	0.118		3	0.005
	4	0.225		4	0.001
	5	0.397		5	0.013
	6	0.632		6	0.232
	7	1.000		7	0.601
	—	—		8	1.000

由图 4.12 和表 4.1 可知，在前两个循环扰动荷载加载中，4 种不同煤岩比例组合体的损伤均接近于 0，随着后续扰动应力的逐渐增大，损伤也逐渐增

大。由图4.12还可以看出，损伤主要发生在高应力循环扰动的加载阶段，在卸载阶段基本没有损伤产生。

4.2.2 浸水煤岩组合体循环扰动荷载加载声发射特征

1. 轴向应力-时间曲线、声发射振铃计数-时间曲线

图4.13（a）～图4.13（d）展示了不同浸水时间条件下煤岩组合体循环扰动荷载加载轴向应力-时间曲线、声发射振铃计数-时间曲线。由图可知，浸水煤岩组合体循环扰动荷载加载声发射振铃计数与干燥煤岩组合体存在明显差异。在水的作用下，煤岩组合体塑性增强且容易发生变形破坏，导致在整个加载过程中均有声发射现象产生；但只有当扰动荷载加载应力较高或煤岩组合体内部发生较大局部破坏时声发射振铃计数才显著增大，在卸载阶段基本没有声发射现象。

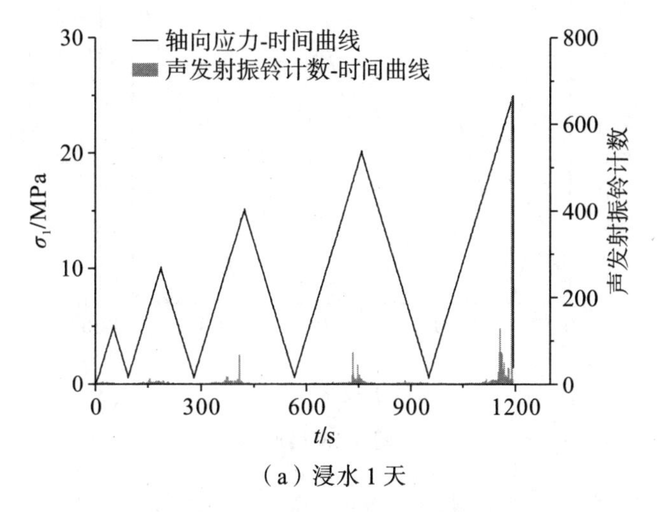

（a）浸水1天

图4.13 不同浸水时间煤岩组合体循环扰动荷载加载轴向应力-时间曲线、声发射振铃计数-时间曲线

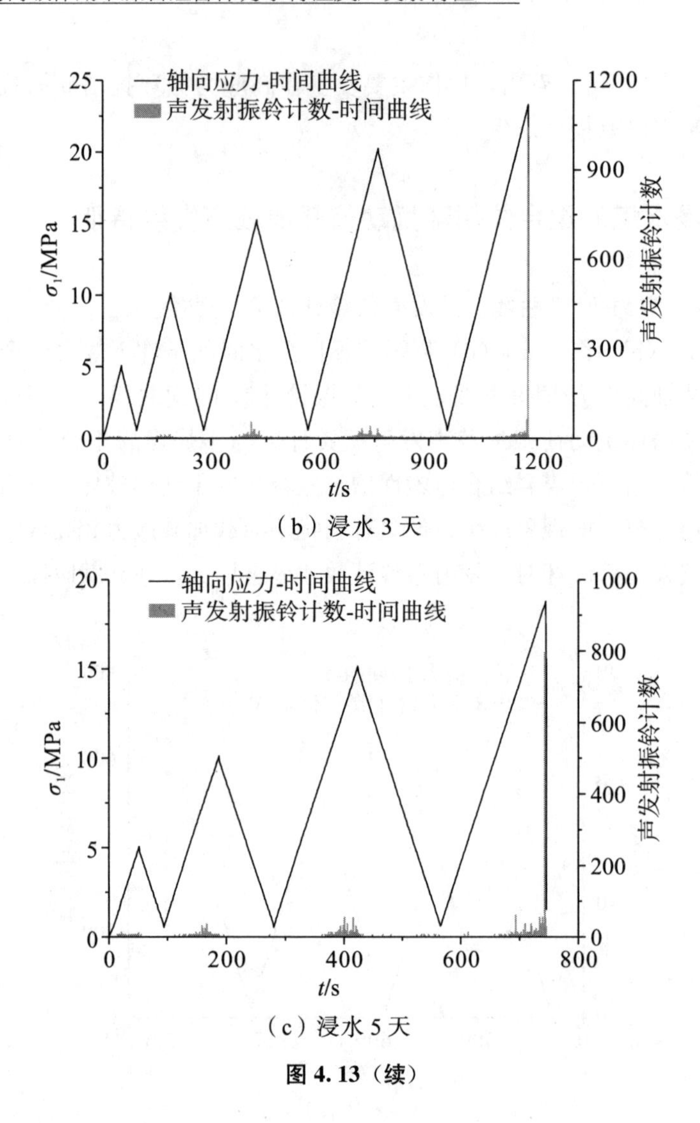

（b）浸水 3 天

（c）浸水 5 天

图 4.13（续）

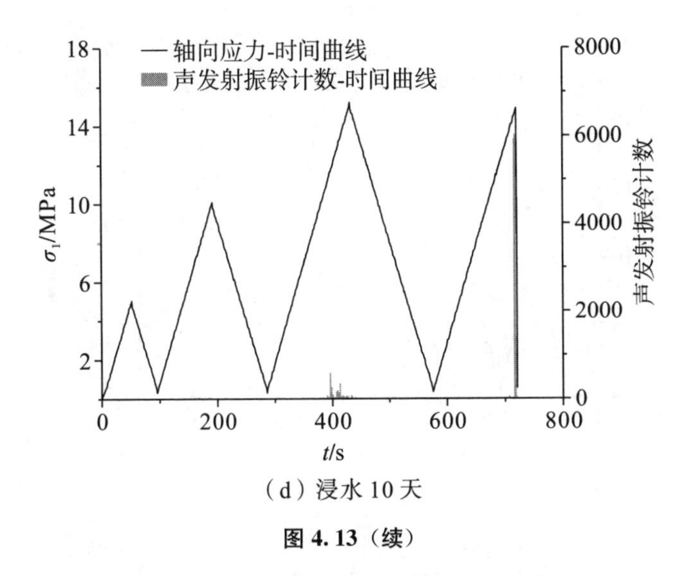

（d）浸水 10 天

图 4.13（续）

2. 轴向应力-时间曲线、声发射能量计数-时间曲线

图 4.14（a）～图 4.14（d）展示了不同浸水时间条件下煤岩组合体循环扰动荷载加载轴向应力-时间曲线、声发射能量计数-时间曲线。由图可知，在不同浸水时间煤岩组合体循环扰动荷载加载试验中，声发射能量计数与声发射振铃计数变化规律基本一致。

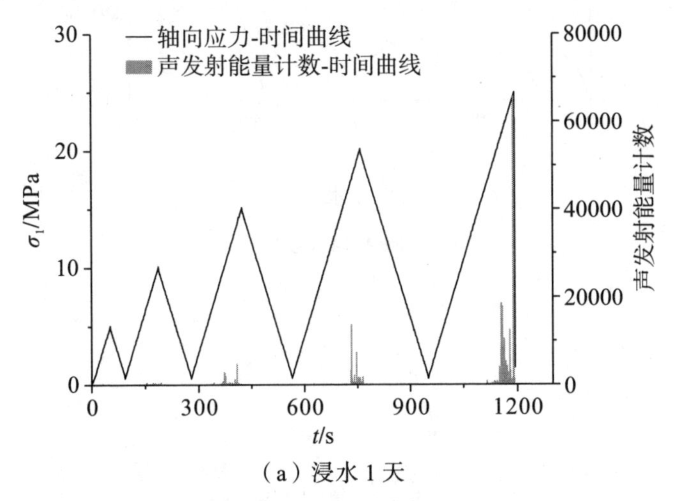

（a）浸水 1 天

图 4.14　不同浸水时间煤岩组合体循环扰动荷载加载轴向应力-时间曲线、声发射能量计数-时间曲线

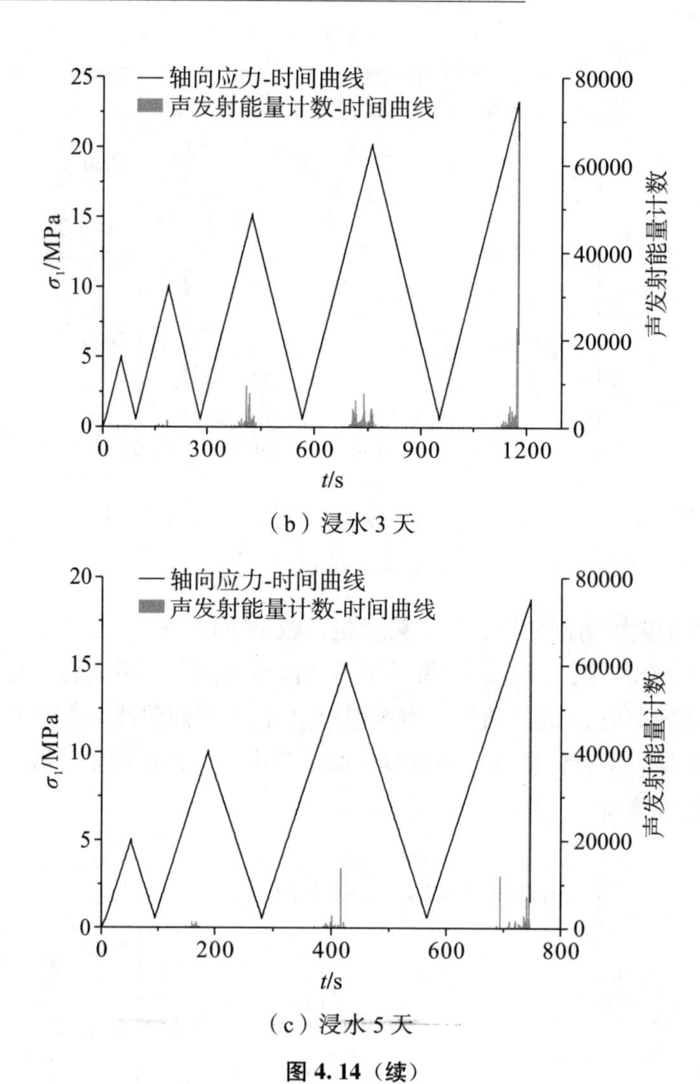

（b）浸水 3 天

（c）浸水 5 天

图 4.14（续）

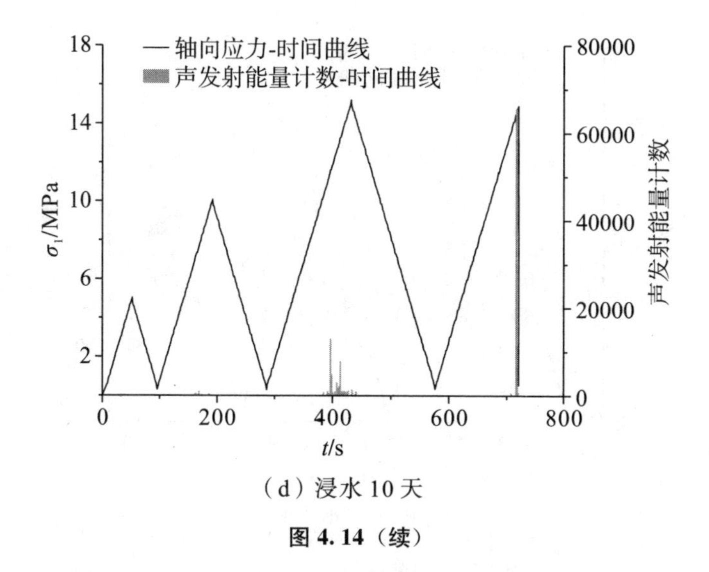

（d）浸水 10 天

图 4.14（续）

3. 轴向应力-时间曲线、声发射幅值-时间曲线

图 4.15（a）~图 4.15（d）展示了不同浸水时间条件下煤岩组合体循环扰动荷载加载轴向应力-时间曲线、声发射幅值-时间曲线。由图可知，浸水煤岩组合体循环扰动荷载加载声发射幅值与干燥煤岩组合体也存在明显差异。在水的作用下，煤岩组合体塑性增强且容易发生变形破坏，使得整个加载过程中产生的声发射幅值均比较多。在第一个循环加载中，扰动应力水平较低，声发射幅值主要集中在［40，60］。随着循环扰动荷载应力的提高，声发射幅值分布范围扩大，主要分布范围扩大为［40，70］。当循环扰动荷载应力水平较高或煤岩组合体破坏循环加载时，声发射幅值分布范围进一步扩大为［40，105］。综上可知，声发射幅值的大小及出现次数在一定程度上反映了浸水煤岩组合体的损伤破坏状态。

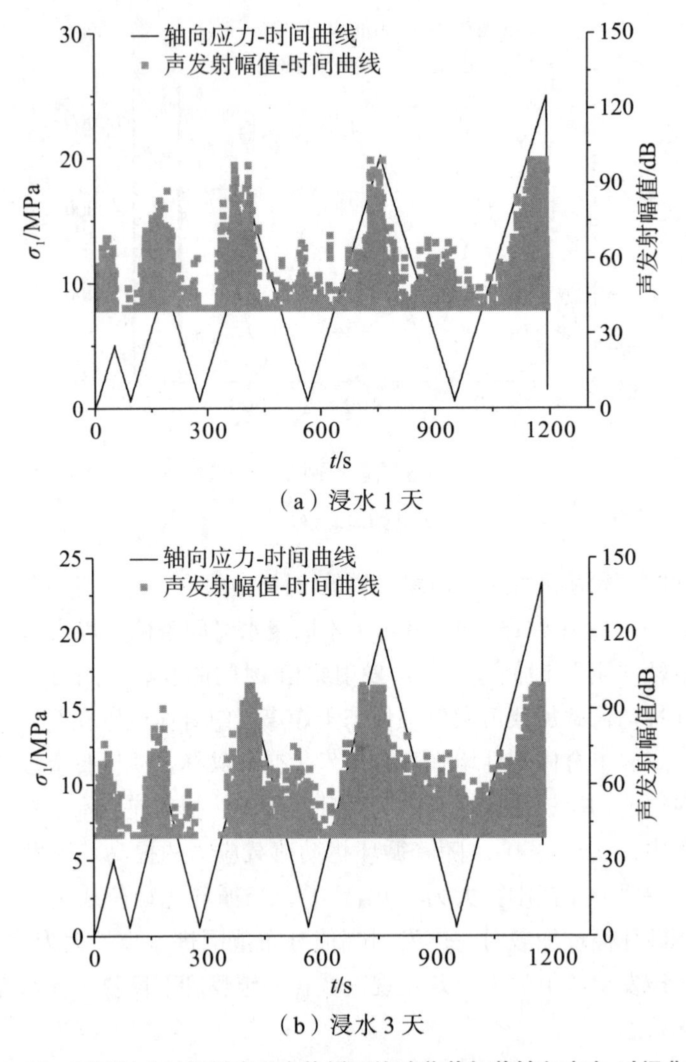

（a）浸水 1 天

（b）浸水 3 天

图 4.15　不同浸水时间煤岩组合体循环扰动荷载加载轴向应力-时间曲线、声发射幅值-时间曲线

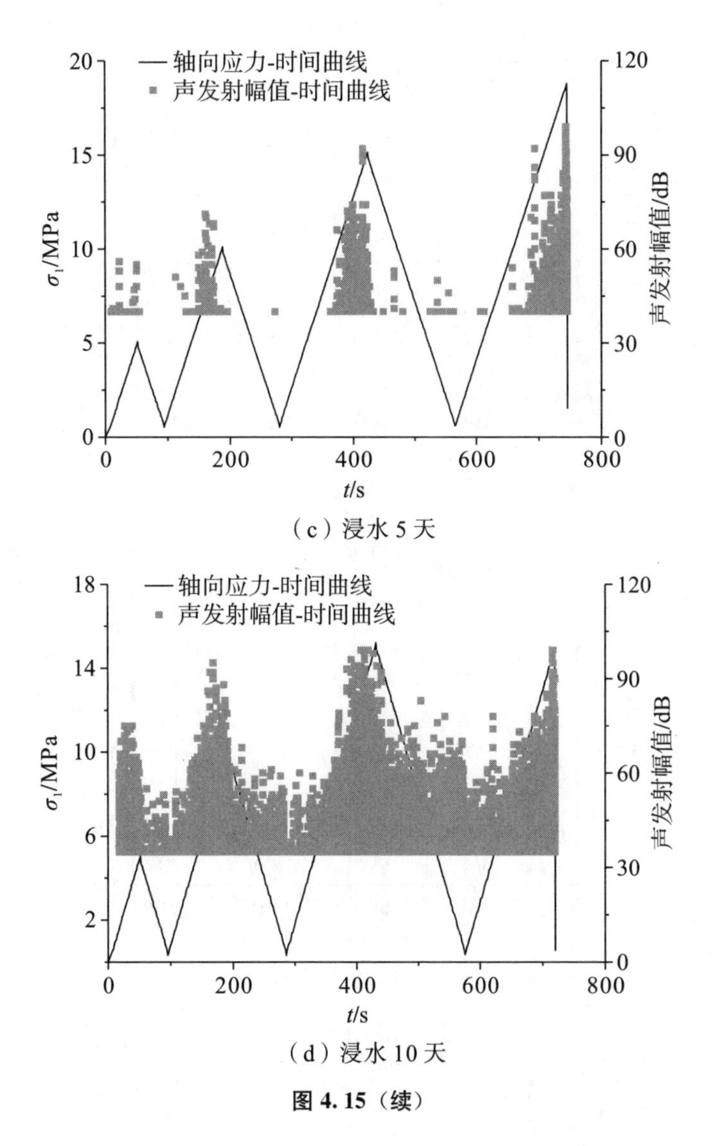

（c）浸水 5 天

（d）浸水 10 天

图 4.15（续）

4．损伤演化特征

图 4.16（a)～图 4.16（d）展示了不同浸水时间条件下煤岩组合体循环扰动荷载加载损伤变量演化曲线。

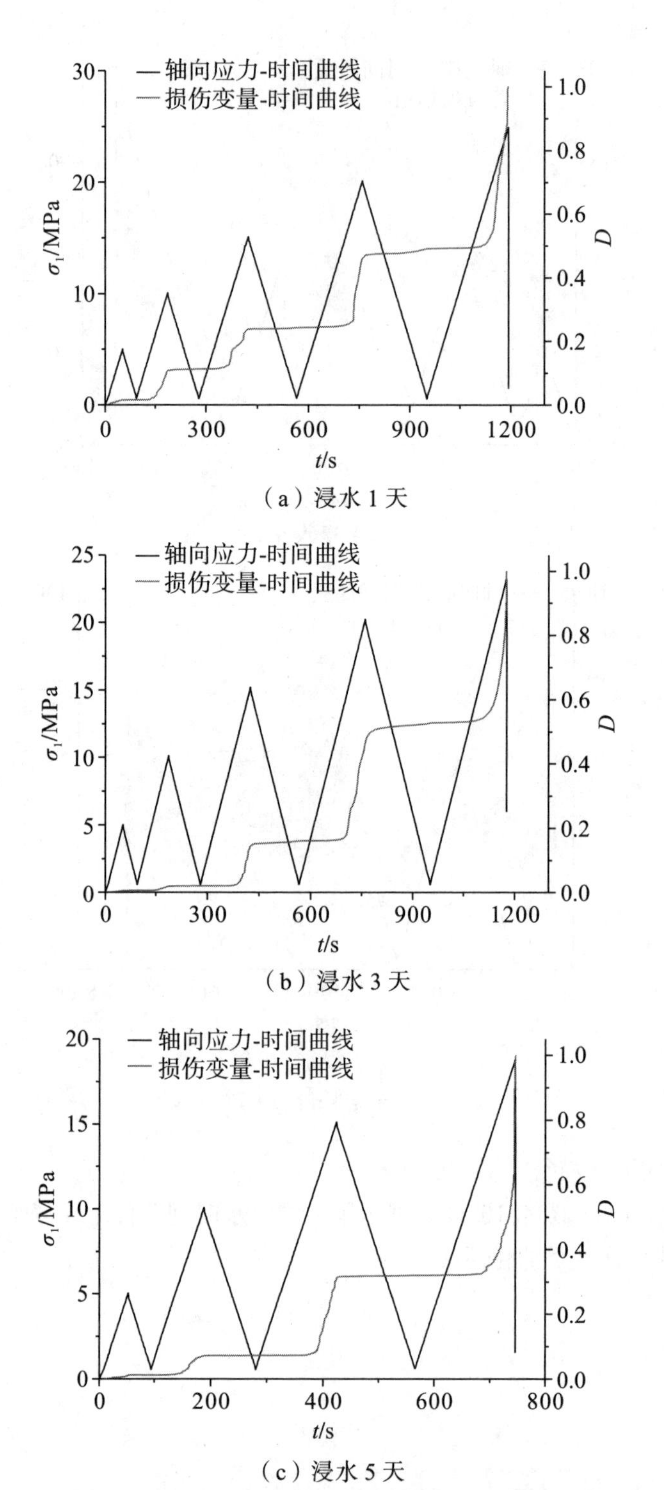

（a）浸水 1 天

（b）浸水 3 天

（c）浸水 5 天

图 4.16　不同浸水时间煤岩组合体循环扰动荷载加载损伤变量演化曲线

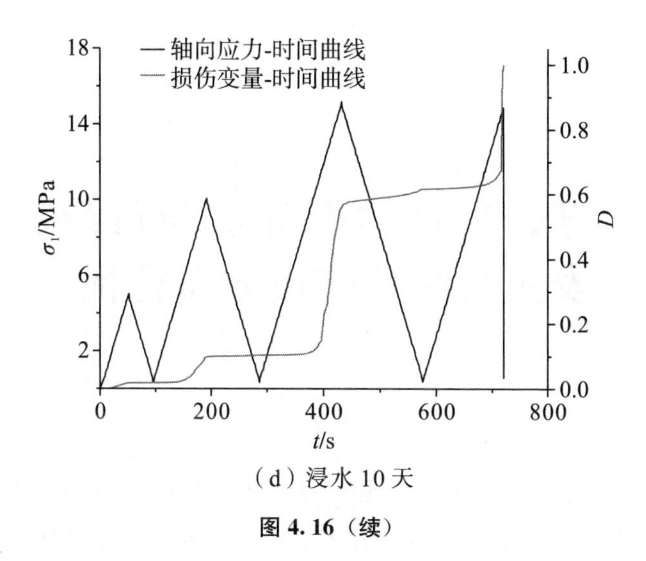

（d）浸水 10 天

图 4.16（续）

由图 4.16 和表 4.2 可知，在第一个循环扰动加载中，4 种不同浸水时间煤岩组合体的损伤均接近于 0，随着后续扰动应力的逐渐增大，损伤也逐渐增大。由图 4.16 还可以看出，损伤主要发生在循环扰动高应力的加载阶段，在卸载阶段基本没有损伤产生。

表 4.2　循环扰动荷载加载条件下不浸水时间煤岩组合体每个循环加载结束时的损伤变量

浸水时间/d	循环数	损伤变量	浸水时间/d	循环数	损伤变量
1	1	0.022	5	1	0.014
	2	0.174		2	0.097
	3	0.238		3	0.261
	4	0.443		4	1.000
	5	1.000		—	—
3	1	0.007	10	1	0.018
	2	0.012		2	0.104
	3	0.176		3	0.604
	4	0.527		4	1.000
	5	1.000		—	—

第 5 章　煤岩组合体循环扰动荷载加载破坏表面裂纹及碎块分布特征

煤岩组合体破坏后的表面裂纹复杂程度可以采用分形理论获得定量的数值表达，破碎块度则可以通过统计其在不同尺寸区间的数量和质量特征进行描述。本章基于以上方法对煤岩组合体破坏的表面裂纹和破碎块度进行分析。

5.1　煤岩组合体表面裂纹的分形特征

5.1.1　分形维数计算

煤岩组合体破坏后的表面裂纹可以采用盒维数进行分析。盒维数的定义为：取边长为 r 的盒子对分形图形所在空间进行覆盖，有些小盒子会覆盖分形图形，有些则不会覆盖分形图形，其中能够覆盖分形图形小盒子的数目为 $N(r)$，以图 5.1 所示图形为例，$N(r)=9$；然后改变盒子的边长 r 再对图形进行覆盖，此时 $N(r)$ 会随 r 的改变而变化，当 $r \to 0$ 时，即可得到此方法定义的分维数

$$D=\lim_{r \to 0}\frac{\log N(r)}{\log(1/r)} \tag{5.1}$$

在实际应用中，r 的取值都是有限值，是不可能趋于 0 的，所以，需要对 $N(r)$ 与 r 的可标度关系进行判别。一般地，在 XOY 坐标平面上绘制有限个 $\log N(r)$ 随 $\log(1/r)$ 变化的散点图并进行线性拟合，如果拟合效果较好，则可认为拟合直线的斜率的绝对值即为分维数 D。

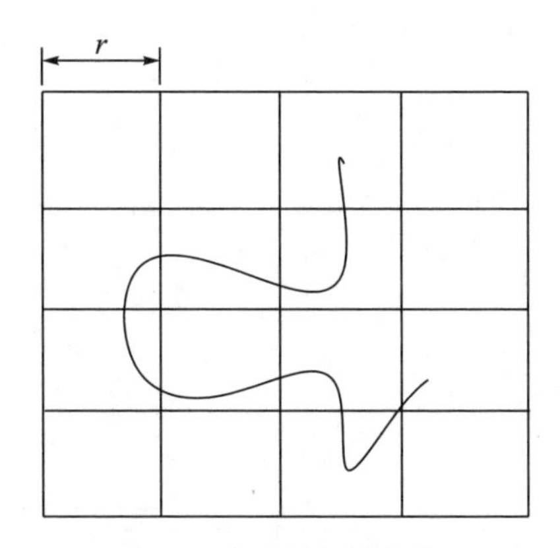

图 5.1　分形图形覆盖简图

5.1.2　煤岩组合体表面裂纹提取及分形维数

因为煤岩组合体中的岩石组分强度远大于煤组分，煤岩组合体主要表现为煤组分的破坏，所以只提取煤组分的表面裂纹。为获取煤岩组合体破坏后的表面裂纹，先用透明胶片纸附着在其表面，然后用油性记号笔对破裂表面裂纹进行描绘。由于用油性记号笔描绘的曲线线条较宽，会对分形维数计算有一定影响，因此需用白色的 A4 纸覆盖并用线条较细的中性黑色签字笔将裂纹描绘出来，随后将描绘在 A4 纸上的图形扫描处理成白底黑线条的图片；对于扫描后有斑点的图片，需要在 Photoshop 中进一步地处理；最后将图片导入 Fractalfox 2.0 软件进行盒维数计算。由于岩∶煤∶岩比例为 40∶20∶40 时，煤组分表面裂纹难以准确描绘，因此只绘制了岩∶煤∶岩比例为 10∶80∶10、20∶60∶20和 30∶40∶30 条件下的表面裂纹进行盒维数计算。不同试验条件下煤岩组合体的表面裂纹及盒维数计算结果如图 5.2～图 5.5 所示。

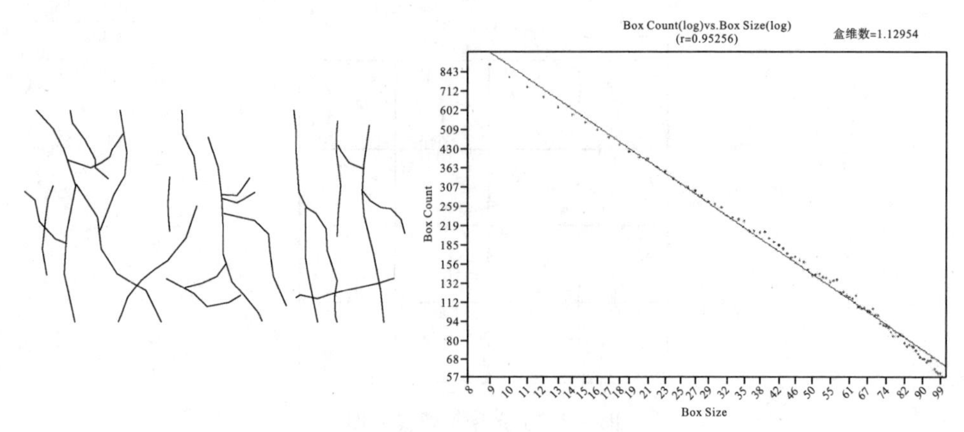

（a）岩：煤：岩比例为 10：80：10

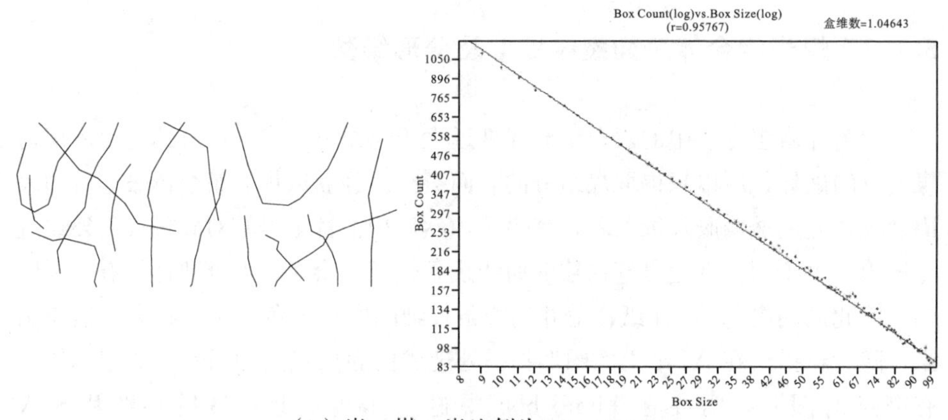

（b）岩：煤：岩比例为 20：60：20

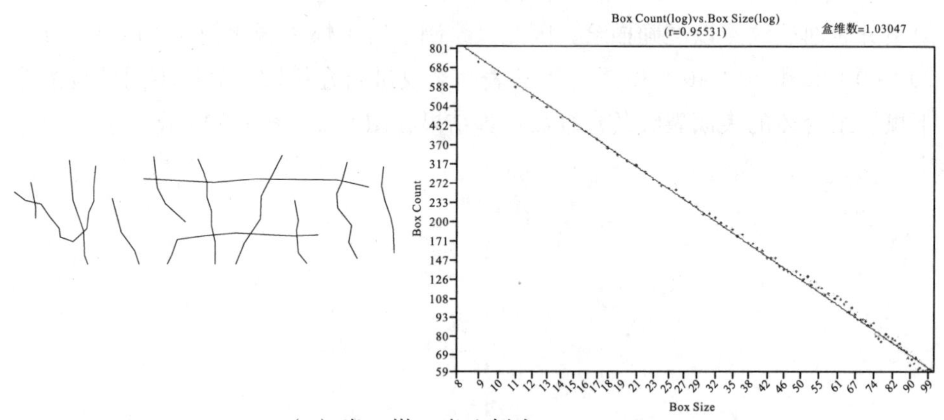

（c）岩：煤：岩比例为 30：40：30

图 5.2　干燥煤岩组合体常规单轴压缩破坏煤组分表面裂纹及分形维数

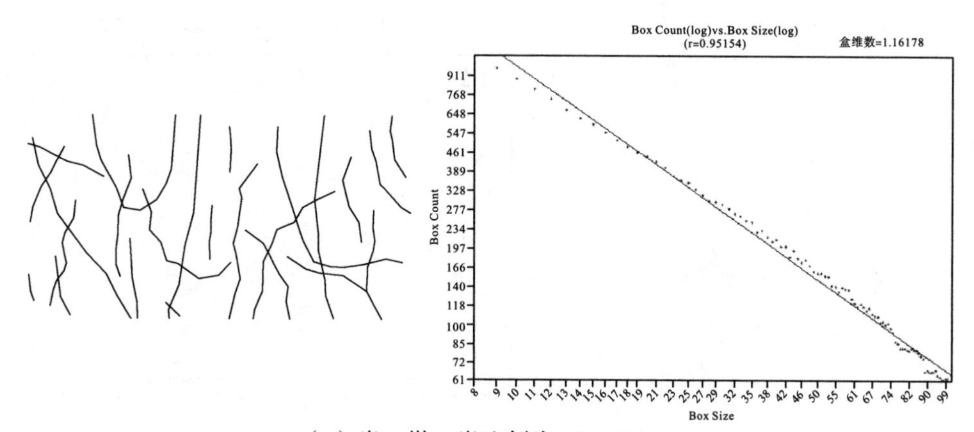

（a）岩：煤：岩比例为 10：80：10

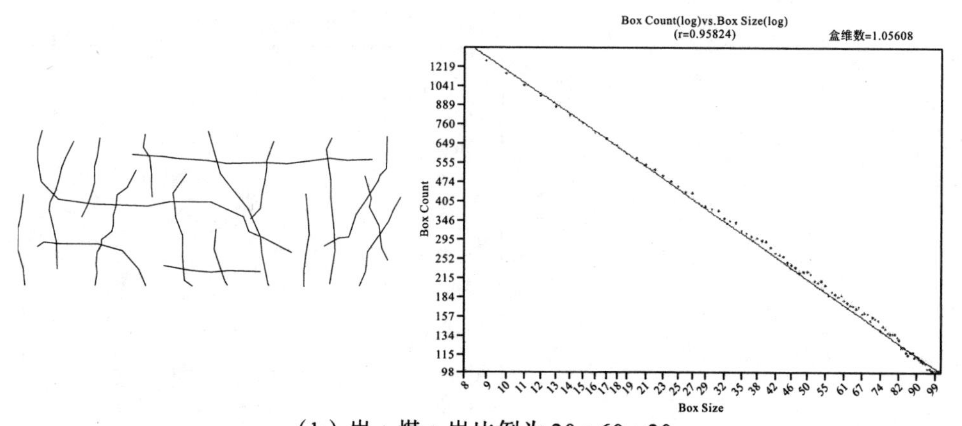

（b）岩：煤：岩比例为 20：60：20

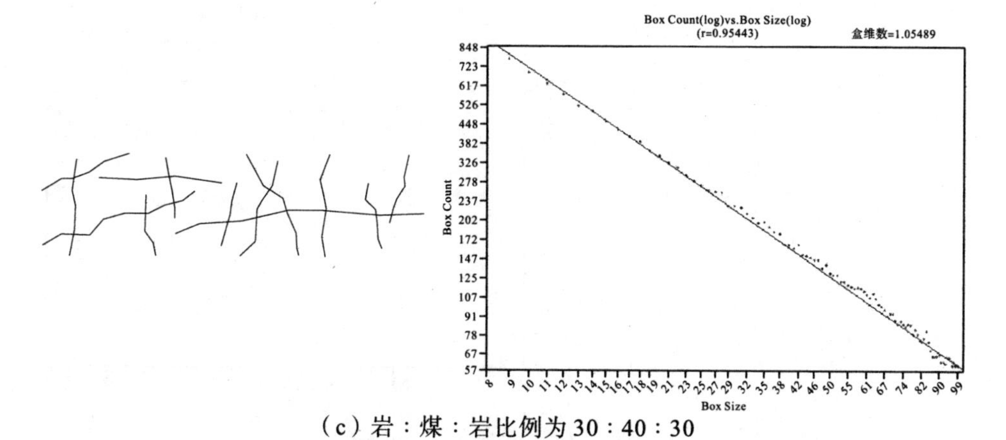

（c）岩：煤：岩比例为 30：40：30

图 5.3　干燥煤岩组合体循环扰动荷载加载破坏煤组分表面裂纹及分形维数

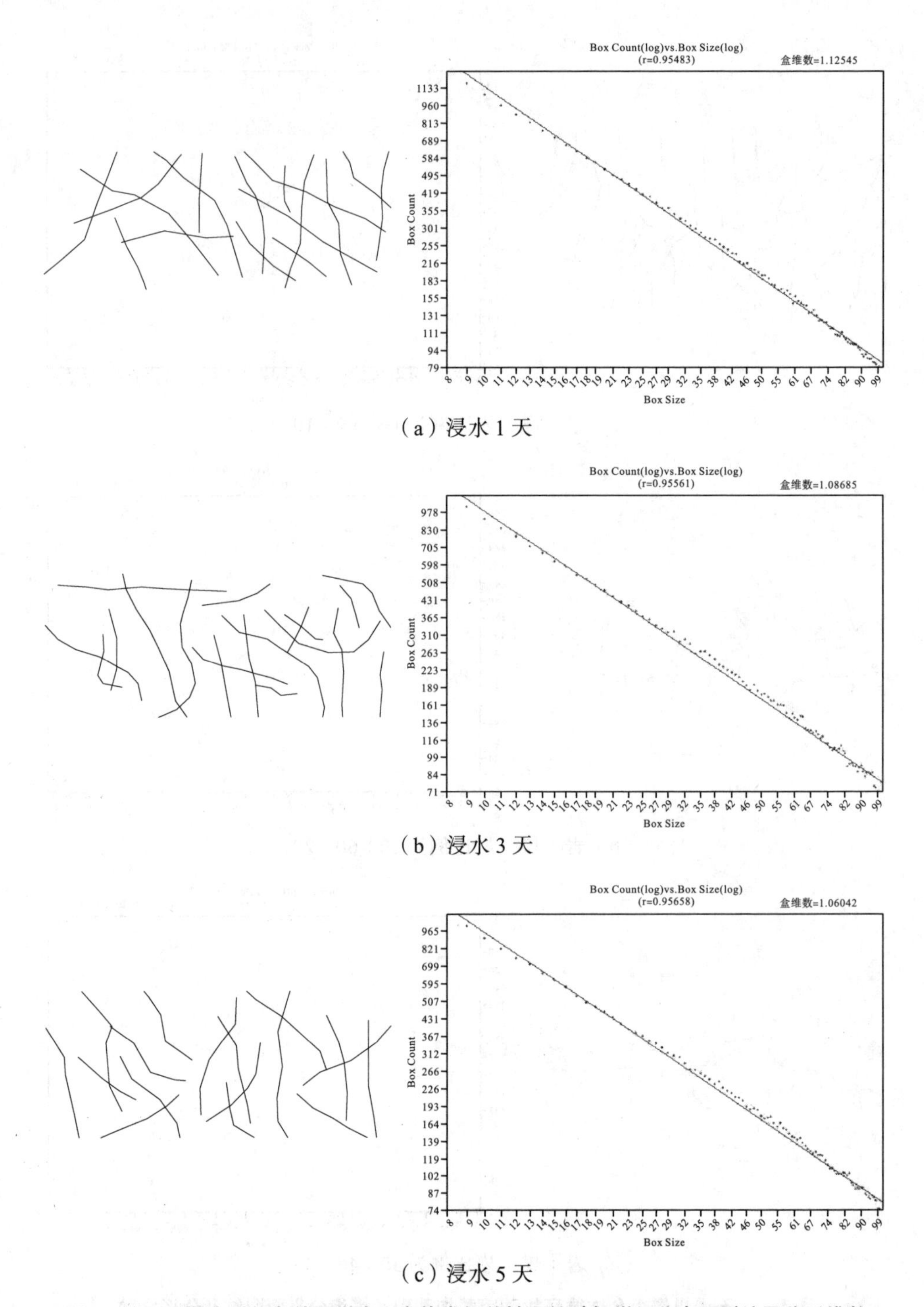

(a) 浸水 1 天

(b) 浸水 3 天

(c) 浸水 5 天

图 5.4　不同浸水时间条件下煤岩组合体常规单轴压缩破坏煤组分表面裂纹及分形维数

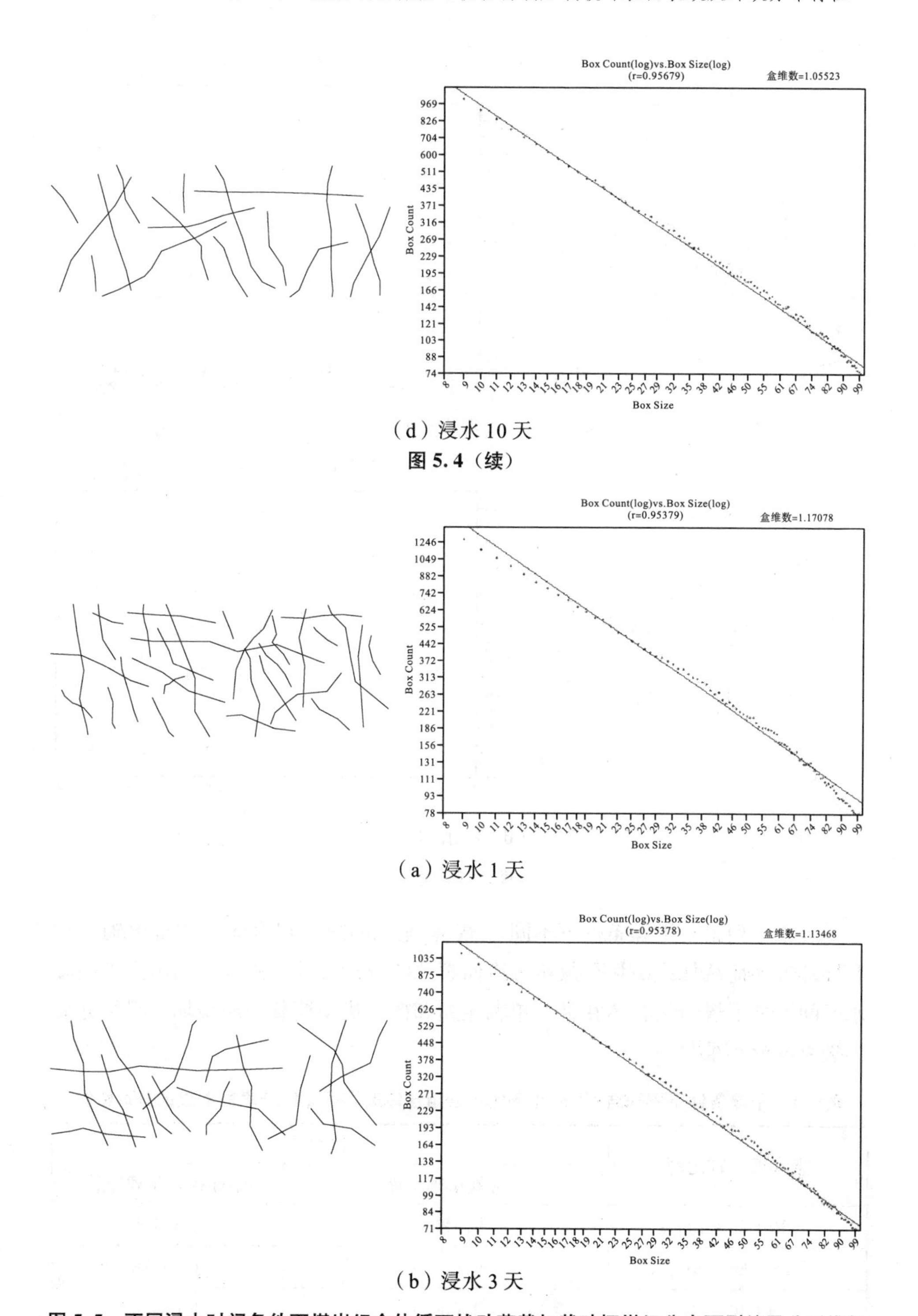

（d）浸水 10 天

图 5.4（续）

（a）浸水 1 天

（b）浸水 3 天

图 5.5　不同浸水时间条件下煤岩组合体循环扰动荷载加载破坏煤组分表面裂纹及分形维数

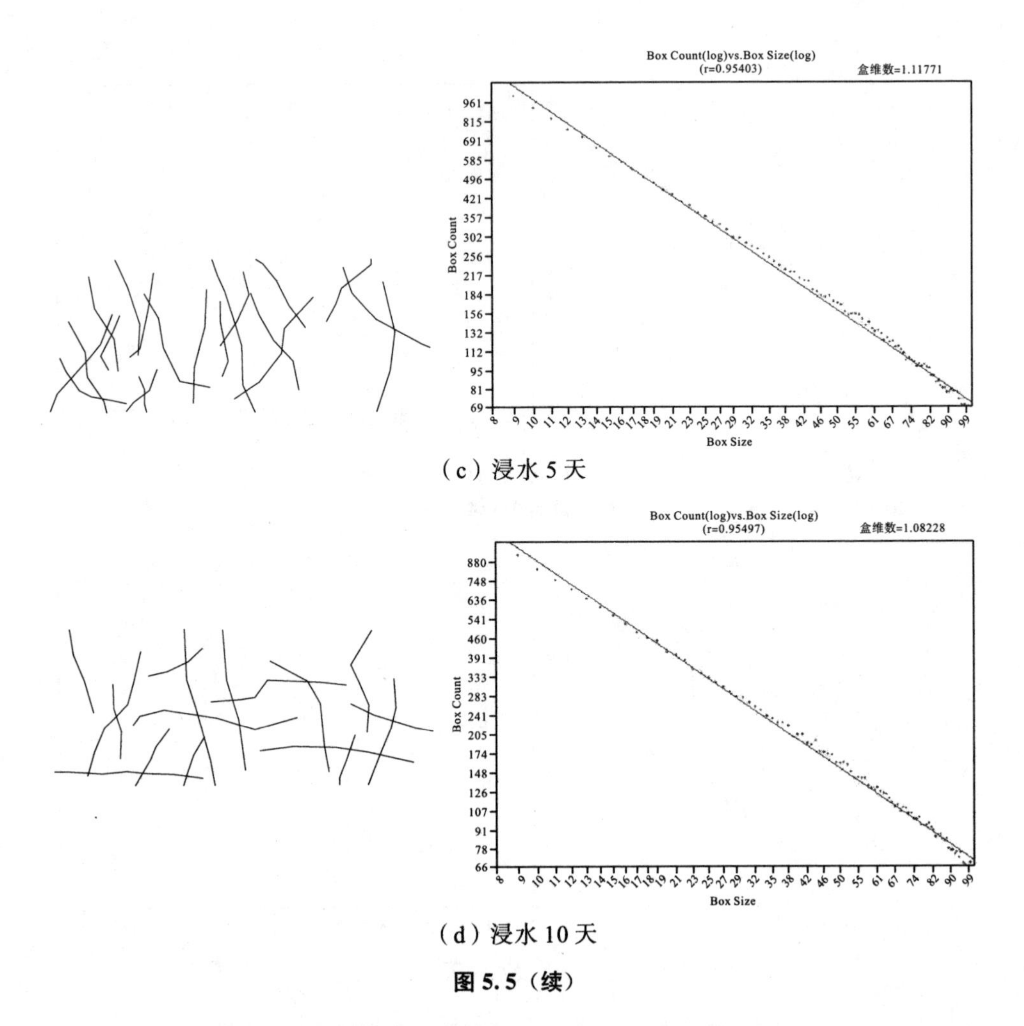

(c) 浸水 5 天

(d) 浸水 10 天

图 5.5（续）

表 5.1 列出了干燥条件下不同岩-煤-岩比例的煤岩组合体在常规单轴压缩和循环扰动荷载加载破坏后煤组分表面裂纹的分形维数。表 5.2 列出了不同浸水时间条件下煤岩组合体在常规单轴压缩和循环扰动荷载加载破坏后煤组分表面裂纹的分形维数。

表 5.1　干燥条件下不同岩-煤-岩比例的煤岩组合体破坏后煤组分表面裂纹的分形维数

岩：煤：岩比例	试验类型	
	常规单轴压缩	循环扰动荷载加载
10：80：10	1.12954	1.16178
20：60：20	1.04643	1.05608
30：40：30	1.03047	1.05489

表 5.2　不同浸水时间条件下煤岩组合体破坏后煤组分表面裂纹的分形维数

浸水时间/d	试验类型	
	常规单轴压缩	循环扰动荷载加载
1	1.12545	1.17078
3	1.08685	1.13468
5	1.06042	1.11771
10	1.05523	1.08228

由表 5.1 可知，在常规单轴压缩和循环扰动荷载加载试验中，煤岩组合体中煤组分表面裂纹的分形维数均随岩石组分占比的增加而降低。这主要是因为随着岩石组分的增加，煤组分的高度与直径的比值减小，煤组分更容易产生应力集中和突然破坏，但却降低了其表面裂纹产生的概率。

由表 5.2 可知，当岩石组分占比相同时，常规单轴压缩破坏煤岩组合体中煤组分表面裂纹的分形维数小于循环扰动荷载加载破坏煤岩组合体的。这是由于在常规单轴压缩试验中，煤岩组合体一直处于被压缩状态，其内部的微裂纹、微孔隙等被压实后得不到重新张开的空间，内部的微缺陷也没有发育的空间；并且常规单轴压缩试验时间短，裂纹只会沿着试样内部最脆弱的部位快速发展，在其他部位的裂纹则相对难以萌生。而在循环扰动荷载加载试验中，煤岩组合体内部的微裂纹等随加卸载进程不断地处于张开和闭合的状态，这为微裂纹的发育提供了空间上的保证；并且循环扰动荷载加载试验时间长，微裂纹有充分的时间进行发育。另外，循环扰动荷载加载应力水平是一个逐级提高的过程，在常规单轴压缩试验中导致煤岩组合体破坏的大裂纹在循环扰动荷载加载试验中的发育受到限制，而微小裂纹的发育则将占据主导地位。由于循环扰动荷载加载试验中微小裂纹在试样内部广泛分布，当这些小微裂纹扩展、贯通形成宏观裂纹后，煤岩组合体表面裂纹明显比常规单轴压缩试验中的多。另外，由表 5.2 还可以得出，在同一试验类型中，随着浸水时间的增加，煤岩组合体中煤组分表面裂纹的分形维数呈逐渐降低的趋势。这主要是因为在水的物理作用下，煤组分的塑性增强所致。

5.2 煤岩组合体破碎块度的数量和质量特征

在不同的试验类型中，煤岩组合体中煤组分破碎块度的数量及质量分布特征存在明显差异。这一分布特征既反映了煤组分内部微裂纹的发展演化特征，也反映了煤组分破坏过程中的能量耗散特征。所以，研究煤岩组合体中煤组分破碎块度的数量、质量特征随尺寸区间的变化规律，对于深入揭示其破坏特征，判断其失稳前遭受的破坏荷载类型，具有一定理论指导意义。

5.2.1 筛分试验方法

煤样破坏后的碎块尺寸分布范围较大，对尺寸大于 5 mm 的碎块，既可以采用卡尺测量其三维尺寸，也可采用电子天平测其质量；而对尺寸小于 5 mm 的颗粒，则难以采用尺寸测量的方法，但可通过筛分方法获取其总体质量特征。筛分试验采用六种尺寸的筛子，并按照煤样碎块的长轴尺寸进行分类，共分为超大碎块（>35 mm）、大碎块（30～35 mm）、中等碎块（20～30 mm）、中小碎块（10～20 mm）、小碎块（5～10 mm）、粗颗粒（2～5 mm）和小颗粒（<2 mm）7 级。不同尺寸块体的测量方法及结果见表 5.3。

表 5.3　不同尺寸块体的测量方法及结果

序号	类别	粒径/mm	测量方法	获得结果
1	超大碎块	>35	统计碎块个数 用游标卡尺测量碎块三维尺寸 用电子天平称重	碎块个数 尺寸特征 质量分布
2	大碎块	30～35		
3	中等碎块	20～30		
4	中小碎块	10～20		
5	小碎块	5～10		
6	粗颗粒	2～5	筛分后，用电子天平称重	总质量
7	微颗粒	<2		

5.2.2　煤组分碎块筛分结果

1. 煤组分碎块分类特征

按照表 5.3 中的分类标准，将煤岩组合体在常规单轴压缩试验和循环扰动荷载加载试验中煤组分的碎块进行了筛分整理，图 5.6～图 5.9 为筛分后的图片。

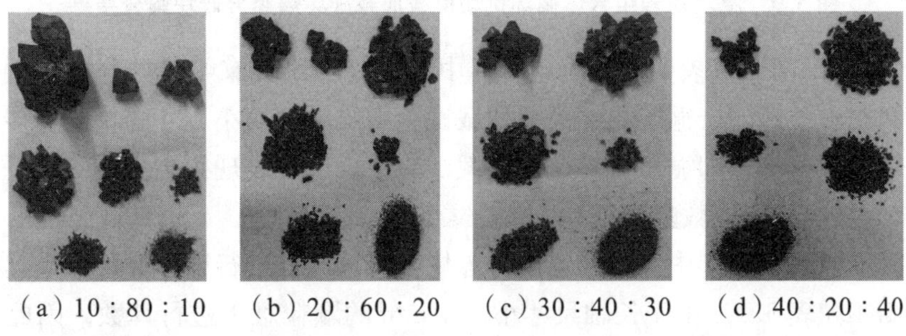

（a）10：80：10　（b）20：60：20　（c）30：40：30　（d）40：20：40

图 5.6　干燥煤岩组合体常规单轴压缩破坏煤组分碎块筛分结果

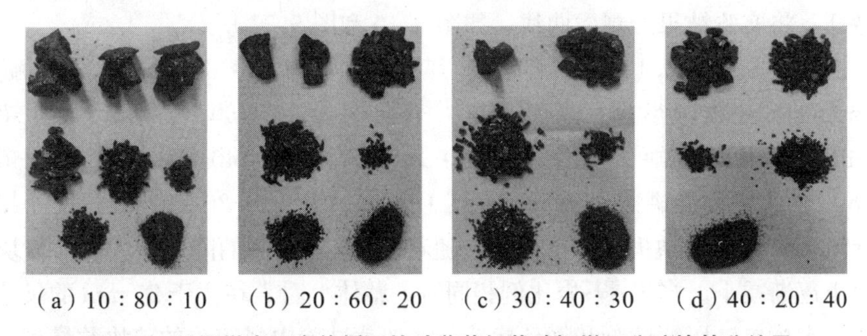

（a）10：80：10　（b）20：60：20　（c）30：40：30　（d）40：20：40

图 5.7　干燥煤岩组合体循环扰动荷载加载破坏煤组分碎块筛分结果

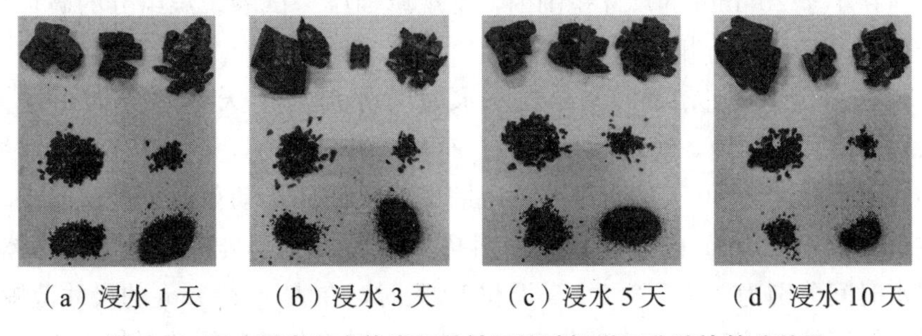

（a）浸水 1 天　（b）浸水 3 天　（c）浸水 5 天　（d）浸水 10 天

图 5.8　浸水煤岩组合体常规单轴压缩破坏煤组分碎块筛分结果

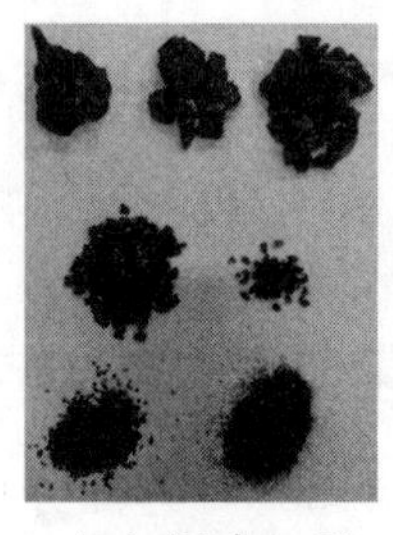
(a) 浸水 1 天

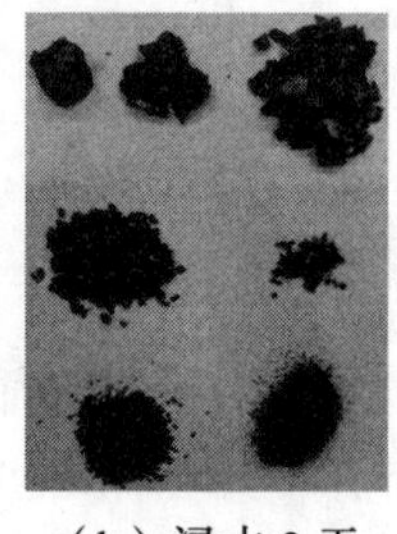
(b) 浸水 3 天

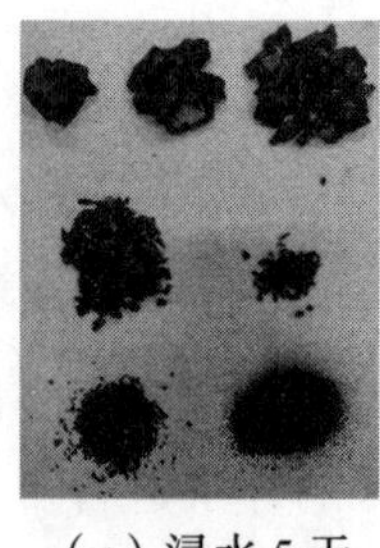
(c) 浸水 5 天

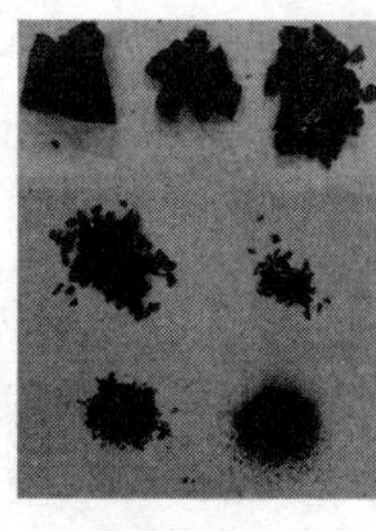
(d) 浸水 10 天

图 5.9　浸水煤岩组合体循环扰动荷载加载破坏煤组分碎块筛分结果

图 5.6~图 5.9 表明，煤岩组合体中煤组分碎块具有明显的分类特征。在干燥和浸水条件下，循环扰动荷载加载试验中煤组分的小尺寸碎块明显多于常规单轴压缩试验，即循环扰动荷载加载试验中煤组分表现得更为破碎。

2. 煤组分碎块数量特征

将不同试验类型中产生的煤组分碎块按长轴尺寸进行筛分并计数，其结果见表 5.4 和表 5.5。由于长轴尺寸小于 5 mm 的颗粒难于进行计数，因此只对长轴尺寸大于 5 mm 的碎块进行计数。为更清晰地显示煤样碎块数量的尺寸分布特征，将实验结果绘制成曲线，如图 5.10 和图 5.11 所示。

由表 5.4 和图 5.10 可知，当岩∶煤∶岩比例为 10∶80∶10 时，尺寸超过 30 mm 的碎块数量很少；当岩∶煤∶岩比例为 20∶60∶20 时，尺寸超过 35 mm 的碎块数量缺失；当岩∶煤∶岩比例为 30∶40∶30 时，尺寸超过 30 mm 的碎块数量缺失；当∶岩∶煤∶岩比例为 40∶20∶40 时，尺寸超过 20 mm的碎块数量缺失。综上可知，随着岩-煤-岩比例的降低，大尺寸碎块的数量也逐渐减小。当岩-煤-岩比例相同时，整体上看，在大于 20 mm 的尺寸范围内，常规单轴压缩试验和循环扰动荷载加载试验中煤组分的碎块数量相差不大；但在小于 20 mm 的尺寸范围内，常规单轴压缩试验中煤组分的破坏碎块数量少于循环扰动荷载加载试验。

由表 5.5 和图 5.11 可知，当浸水时间分别为 1 天和 5 天时，在大于 35 mm的尺寸范围内，碎块数量缺失；而在浸水时间为 3 天的常规单轴压缩试验中和浸水时间为 10 天的常规单轴压缩试验及循环扰动荷载加载试验中，却存在尺寸大于 35 mm 的碎块。这表明超大碎块的产生具有随机性。总体上，当浸水时间分别为 1 天、3 天、5 天和 10 天时，在大于 20 mm 的尺寸范围内，常规单轴压缩试验和循环扰动荷载加载试验中煤组分的碎块数量相差不大；但在小于 20 mm 的尺寸范围内，常规单轴压缩试验中煤组分的破坏碎块数量明显少于循环扰动荷载加载试验中的。

表 5.4　干燥煤岩组合体煤组分碎块数量分布特征

尺寸区间/mm	试验类型							
	常规单轴压缩				循环扰动荷载加载			
	10：80：10	20：60：20	30：40：30	40：20：40	10：80：10	20：60：20	30：40：30	40：20：40
>35	1	0	0	0	0	0	0	0
30～35	1	1	0	0	2	1	0	0
20～30	2	3	2	0	4	2	2	0
10～20	25	31	33	11	12	38	33	34
5～10	63	81	68	70	76	87	84	79

表 5.5　浸水煤岩组合体煤组分碎块数量分布特征

尺寸区间/mm	试验类型							
	常规单轴压缩				循环扰动荷载加载			
	1 天	3 天	5 天	10 天	1 天	3 天	5 天	10 天
>35	0	1	0	1	0	0	0	1
30～35	1	0	1	0	1	0	0	1
20～30	5	2	5	3	6	4	6	0
10～20	27	21	24	23	35	41	37	32
5～10	68	62	54	52	87	79	76	68

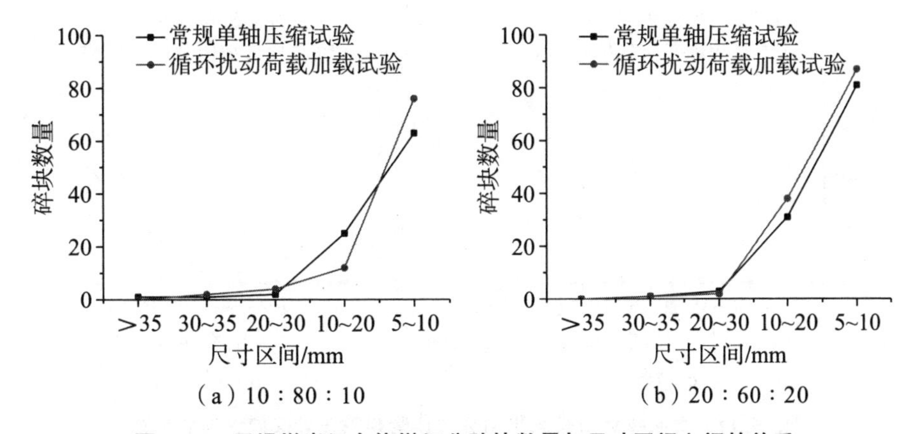

（a）10：80：10　　（b）20：60：20

图 5.10　干燥煤岩组合体煤组分碎块数量与尺寸区间之间的关系

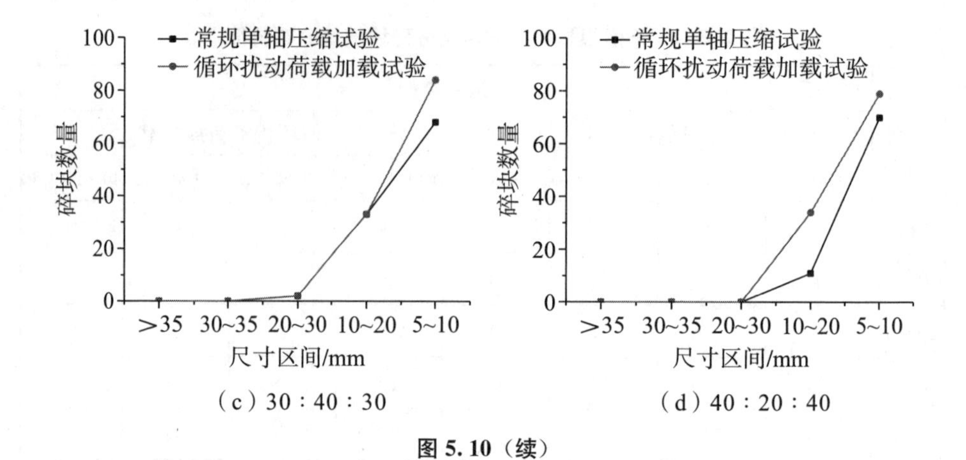

（c）30∶40∶30　　（d）40∶20∶40

图 5.10（续）

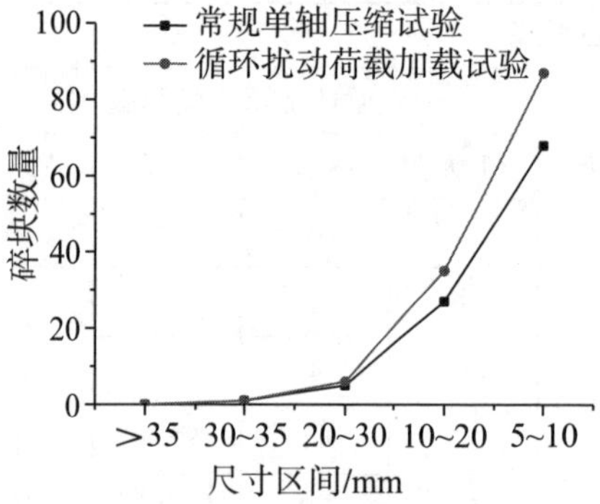

（a）浸水 1 天 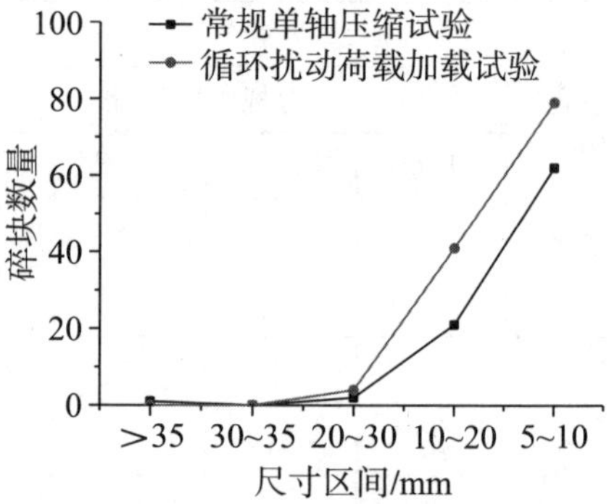　　（b）浸水 3 天

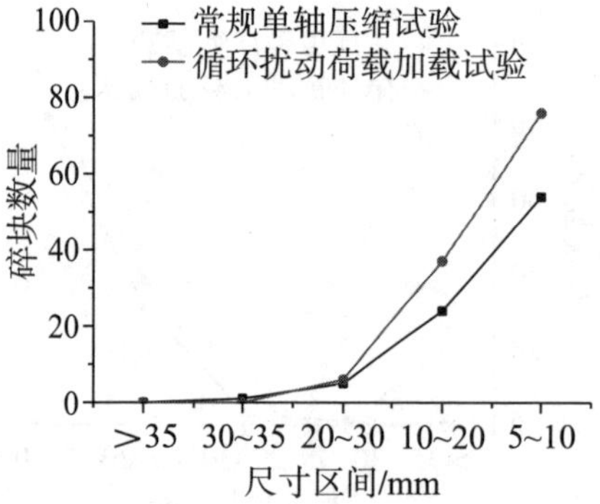

（c）浸水 5 天 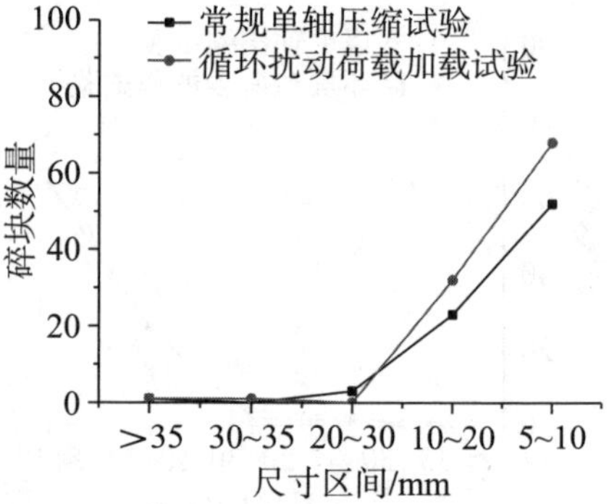　　（d）浸水 10 天

图 5.11　浸水煤岩组合体煤组分碎块数量与尺寸区间之间的关系

3. 煤组分碎块质量特征

将不同试验类型中产生的煤组分碎块按长轴尺寸进行筛分，称重并求质量分数，其结果见表5.6和表5.7。为更清晰地展示不同尺寸区间内煤样碎块质量的分布特征，将实验结果绘制成图，如图5.12和图5.13所示。

由表5.6和图5.12可知，当岩∶煤∶岩比例为10∶80∶10时，在尺寸区间小于30 mm的范围内，循环扰动荷载加载试验中煤组分碎块质量分数明显大于常规单轴压缩试验的。当岩∶煤∶岩比例为20∶60∶20和30∶40∶30时，在尺寸区间小于10 mm的范围内，循环扰动荷载加载试验中煤组分碎块质量分数明显大于常规单轴压缩试验。当岩∶煤∶岩比例为40∶20∶40时，在尺寸区间小于5 mm的范围内，循环扰动荷载加载试验中煤组分碎块质量分数明显大于常规单轴压缩试验。整体上看，随着岩石组分占比的降低，循环扰动荷载加载试验中煤组分碎块质量分数明显大于常规单轴压缩试验中煤组分碎块质量分数的尺寸有减小的趋势。

由表5.7和图5.13可知，当浸水时间分别为1天、3天、5天和10天时，在大于30 mm的尺寸范围内，有些试验中煤组分碎块缺失，且碎块质量分数变化规律不明显。但在小于10 mm的尺寸区间范围内，在相同浸水时间条件下，常规单轴压缩试验中煤组分碎块质量分数明显少于循环扰动荷载加载试验中的。

表5.6　干燥煤岩组合体煤组分碎块质量分数

尺寸区间/mm	试验类型							
	常规单轴压缩				循环扰动荷载加载			
	10∶80∶10	20∶60∶20	30∶40∶30	40∶20∶40	10∶80∶10	20∶60∶20	30∶40∶30	40∶20∶40
>35	0.570	0.000	0.000	0.000	0.000	0.000	0.000	0.000
30～35	0.115	0.187	0.000	0.000	0.221	0.123	0.000	0.000
20～30	0.124	0.105	0.154	0.000	0.301	0.196	0.131	0.000
10～20	0.113	0.341	0.304	0.218	0.144	0.282	0.267	0.308
5～10	0.040	0.138	0.193	0.383	0.108	0.163	0.246	0.275
2～5	0.021	0.127	0.187	0.202	0.125	0.131	0.190	0.211
<2	0.017	0.102	0.162	0.197	0.101	0.105	0.166	0.206

表 5.7　浸水煤岩组合体煤组分碎块质量分数

尺寸区间/mm	试验类型							
	常规单轴压缩				循环扰动荷载加载			
	1 天	3 天	5 天	10 天	1 天	3 天	5 天	10 天
>35	0.000	0.442	0.000	0.582	0.000	0.000	0.000	0.314
30～35	0.256	0.000	0.226	0.000	0.203	0.000	0.000	0.282
20～30	0.231	0.124	0.238	0.101	0.211	0.186	0.198	0.000
10～20	0.257	0.205	0.251	0.174	0.282	0.184	0.239	0.237
5～10	0.098	0.092	0.109	0.092	0.133	0.358	0.302	0.103
2～5	0.076	0.064	0.092	0.023	0.081	0.143	0.135	0.029
<2	0.082	0.073	0.084	0.028	0.090	0.129	0.126	0.035

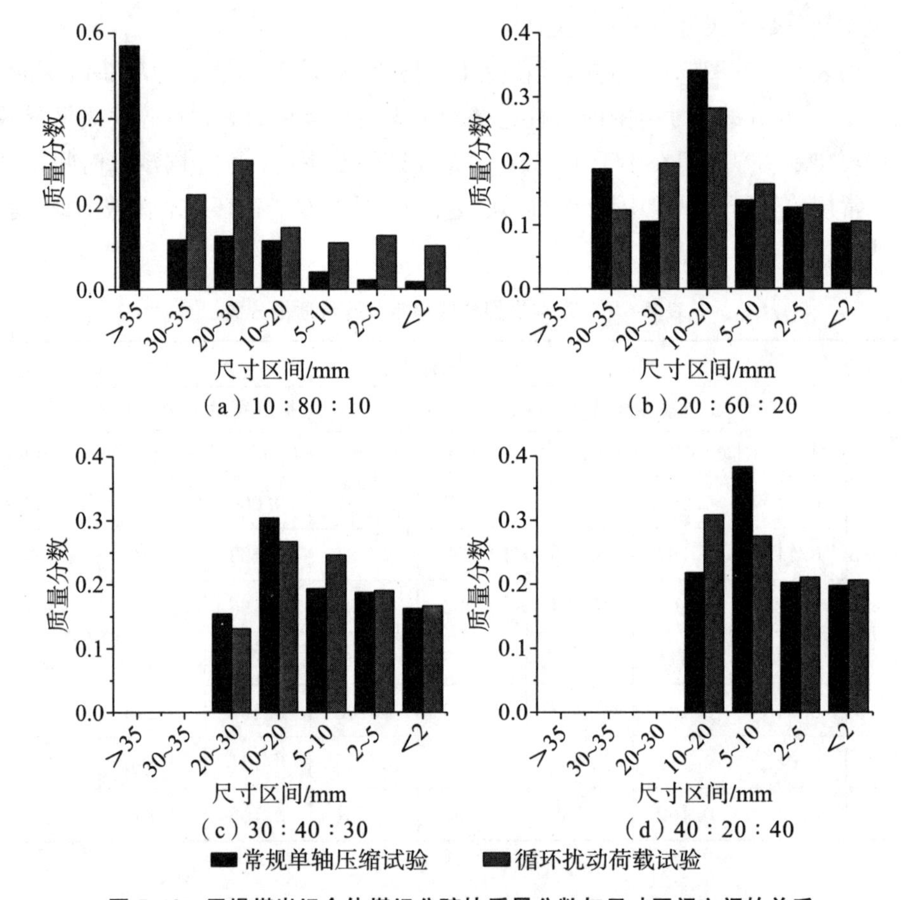

图 5.12　干燥煤岩组合体煤组分碎块质量分数与尺寸区间之间的关系

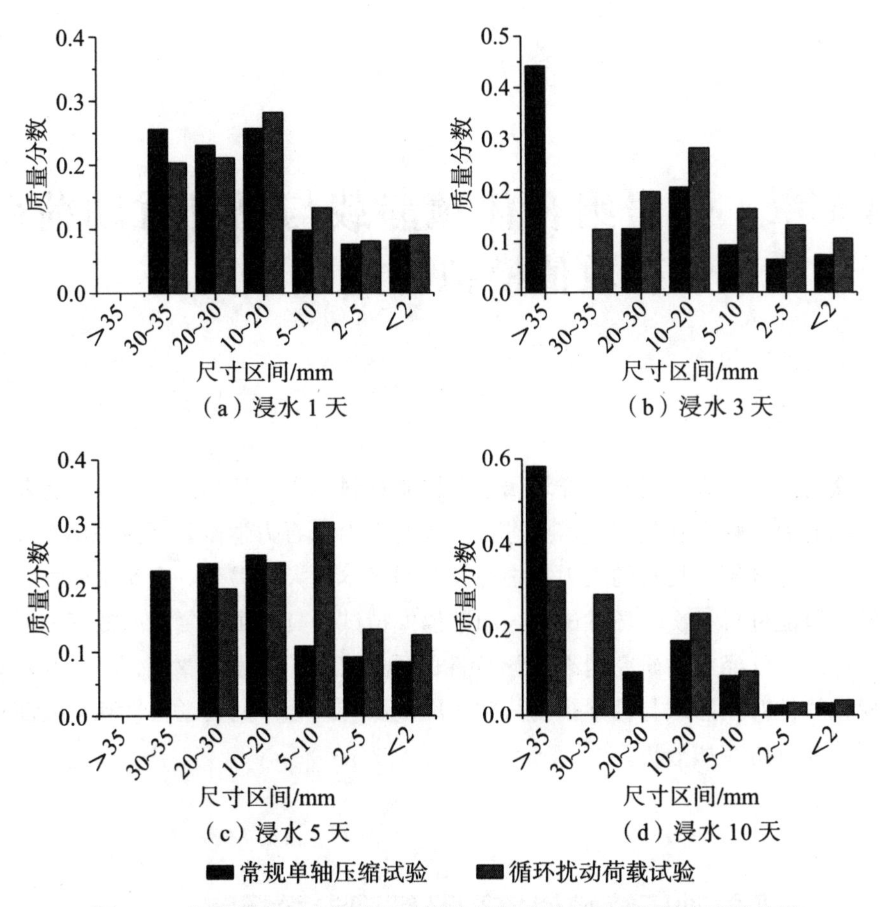

图 5.13　浸水煤岩组合体煤组分碎块质量分数与尺寸区间之间的关系

第6章 煤岩组合体预静载与循环扰动荷载加载数值模拟研究

众所周知，煤、岩石试样均属于非均质材料，力学特性离散性大，为获得较准确的力学特性和规律，需要进行大量的室内岩石力学试验，并采用统计学的方法进行分析，耗费的人力、物力及时间成本巨大。另外，现实中的煤、岩石试样只能进行一次破坏性试验，而数值模拟试验具有可重复、高效率和低成本等优点，已经成为研究岩石力学特性的重要工具。为此，本书采用 PFC 数值模拟软件对预静载与循环扰动荷载作用下煤岩组合体的力学特性和裂纹演化特征等进行研究和分析。

6.1 常规单轴压缩数值模型及细观参数标定

6.1.1 数值模型

PFC 数值模拟软件特别适用于模拟分析岩石类材料的力学特性以及裂隙的发育和发展情况。在 PFC 中，不需要给材料定义宏观本构关系和对应的参数，而是采用局部接触来反映其宏观力学特性。因此，在数值模拟试验中只需要定义颗粒和黏结的几何和力学参数。本书采用 PFC2D 进行数值模拟试验，构建的模型宽度为 50 mm、高度为 100 mm。模型中颗粒粒径范围为 0.32～0.49 mm，共生成 8590 个颗粒，单一组分试样生成的模型如图 6.1 所示。图 6.1 中，模型上部 wall 向下移动进行加载，下部 wall 固定，wall 与颗粒之间采用 linear 接触模型。

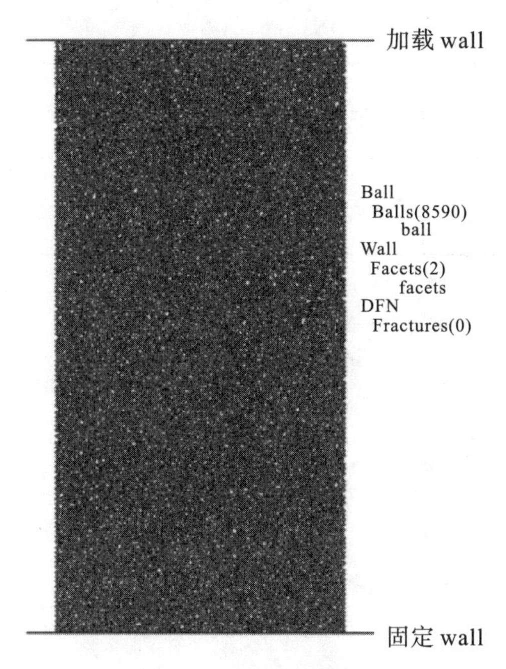

图 6.1　试样数值模型

6.1.2　模型参数标定

通过反复尝试，确定了煤、泥岩、砂岩试样的细观参数，见表 6.1。常规单轴压缩数值模拟与室内试验应力-应变曲线的对比如图 6.2～图 6.4 所示，对应的常规单轴压缩数值模拟试验结果见表 6.2～表 6.4。

表 6.1　模型基本参数

参数	煤样	顶板试样	底板试样
emod	2.2	3.1	6.0
kratio	15.0	10.0	11.0
pb _ emod	1.9	2.8	5.8
pb _ kratio	15.0	10.0	11.0
pb _ ten	16.0	30.0	53.0
pb _ coh	2.5	5.0	10.0
pb _ fa	0.0	0.0	0.0

续表

参数	煤样	顶板试样	底板试样
dp _ nratio	0.8	0.8	0.8
dp _ sratio	0.8	0.8	0.8
fric	0.4	0.4	0.4

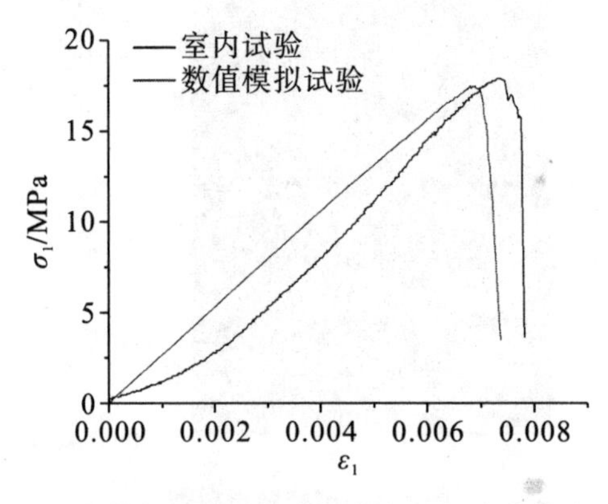

图 6.2　煤样数值模拟与室内试验应力-应变曲线对比

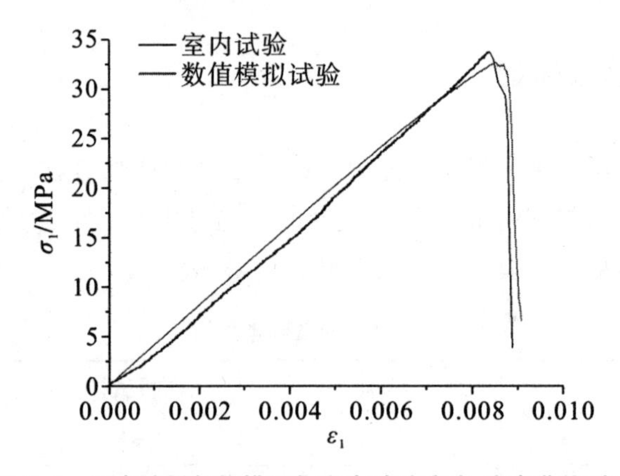

图 6.3　泥岩试样数值模拟与室内试验应力-应变曲线对比

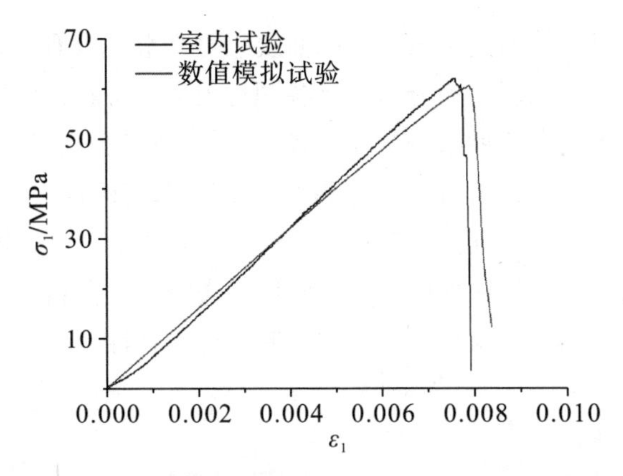

图 6.4　砂岩试样数值模拟与室内试验应力-应变曲线对比

表 6.2　煤样室内常规单轴压缩试验与数值模拟试验结果

试验类型	抗压强度/MPa	应力峰值点应变/‰	弹性模量/MPa	泊松比	峰前能量/kJ·m^{-3}	峰后能量/kJ·m^{-3}	冲击能量指数
室内	17.898	7.355	2854.824	0.342	57.533	7.312	7.868
模拟	17.495	6.822	2633.014	0.311	60.944	7.454	8.176
误差	−2.252%	−7.247%	−7.770%	−9.064%	5.929%	1.942%	3.915%

表 6.3　泥岩试样室内常规单轴压缩与数值模拟试验结果

试验类型	抗压强度/MPa	应力峰值点应变/‰	弹性模量/MPa	泊松比	峰前能量/kJ·m^{-3}	峰后能量/kJ·m^{-3}	冲击能量指数
室内	33.703	8.368	3774.636	0.322	133.269	13.802	9.656
模拟	32.630	8.495	4042.909	0.295	143.807	14.455	9.948
误差	−3.184%	1.518%	7.107%	−8.385%	7.907%	4.731%	3.024%

表 6.4　砂岩试样室内常规单轴压缩与数值模拟试验结果

试验类型	抗压强度/MPa	应力峰值点应变/‰	弹性模量/MPa	泊松比	峰前能量/kJ·m^{-3}	峰后能量/kJ·m^{-3}	冲击能量指数
室内	61.859	7.598	8806.758	0.272	230.931	15.859	14.562
模拟	60.444	7.903	7998.269	0.256	247.384	17.211	14.373
误差	−2.287%	4.014%	−9.18%	−5.882%	7.125%	8.525%	1.298%

由图 6.2～图 6.4 可知，室内试验与数值模拟试验的应力-应变曲线存在一

定差异，主要体现在数值模拟试验中的曲线相对光滑且没有压密阶段。这是因为数值模型中的颗粒采用均匀分布，且各颗粒被赋予了相同的细观参数。但实际的工程煤、岩体则有多种组分构成，各组分的含量以及它们的力学参数并不相同，加之煤、岩体中存在许多的微缺陷，导致真实的煤、岩试样应力-应变曲线呈现明显的非线性特征。但对表 6.2～表 6.4 中煤、岩试样峰值强度，峰值应力对应的轴向应变，弹性模量等试验结果进行对比分析可知，采用数值模拟的方法能够较准确地反映煤、岩试样的基本力学特性。

6.2 煤岩组合体常规单轴压缩力学特性

6.2.1 数值模拟方案

为研究岩-煤-岩型组合体的基本力学特性，本节共设计了砂岩-煤岩-砂岩（SCS）和泥岩-煤岩-泥岩（MCM）两种类型的组合体，SCS 和 MCM 组合体的高度为 100 mm，直径为 50 m。每一种组合类型按照岩石组分占比设计了 9 种组合方案，具体的组合方案见表 6.5。SCS 和 MCM 组合体常规单轴压缩数值模拟应力-应变曲线如图 6.5、图 6.6 所示，具体的试验结果见表 6.6。

表 6.5 岩-煤-岩组合体常规单轴压缩数值模拟方案

组合类型	试样编号	直径/mm	岩煤高度比
SCS 组合体	SCS1	50	10∶90
	SCS2	50	20∶80
	SCS3	50	30∶70
	SCS4	50	40∶60
	SCS5	50	50∶50
	SCS6	50	60∶40
	SCS7	50	70∶30
	SCS8	50	80∶20
	SCS9	50	90∶10

续表

组合类型	试样编号	直径/mm	岩煤高度比
MCM 组合体	MCM1	50	10∶90
	MCM2	50	20∶80
	MCM3	50	30∶70
	MCM4	50	40∶60
	MCM5	50	50∶50
	MCM6	50	60∶40
	MCM7	50	70∶30
	MCM8	50	80∶20
	MCM9	50	90∶10

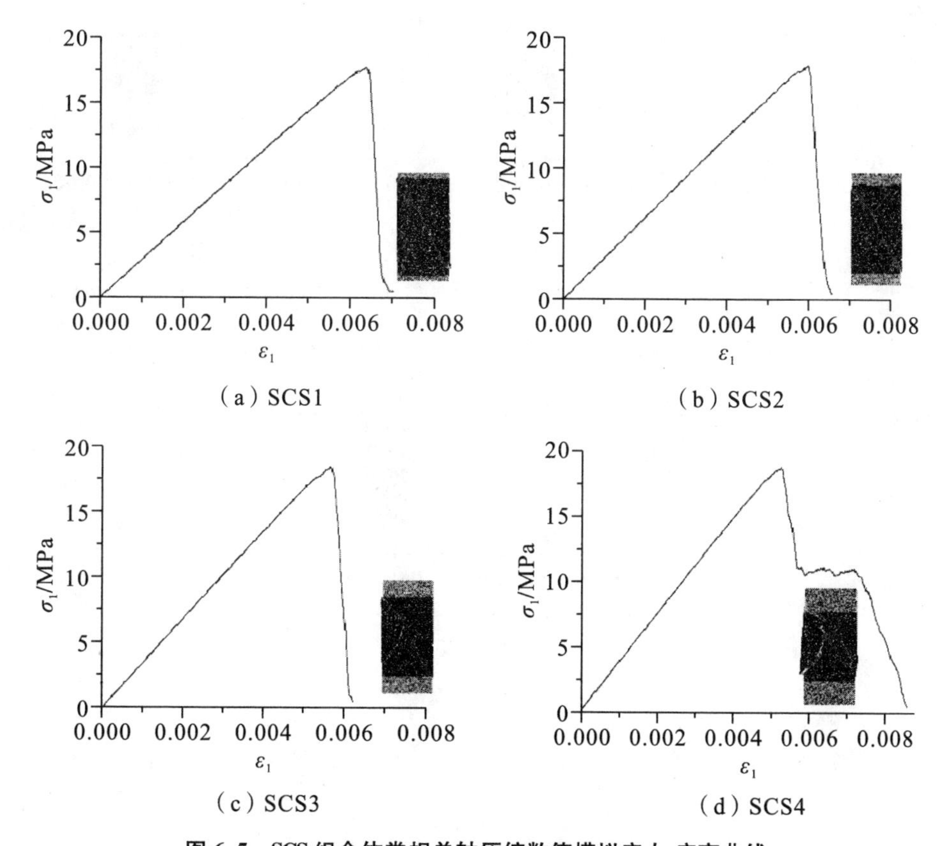

图 6.5　SCS 组合体常规单轴压缩数值模拟应力-应变曲线

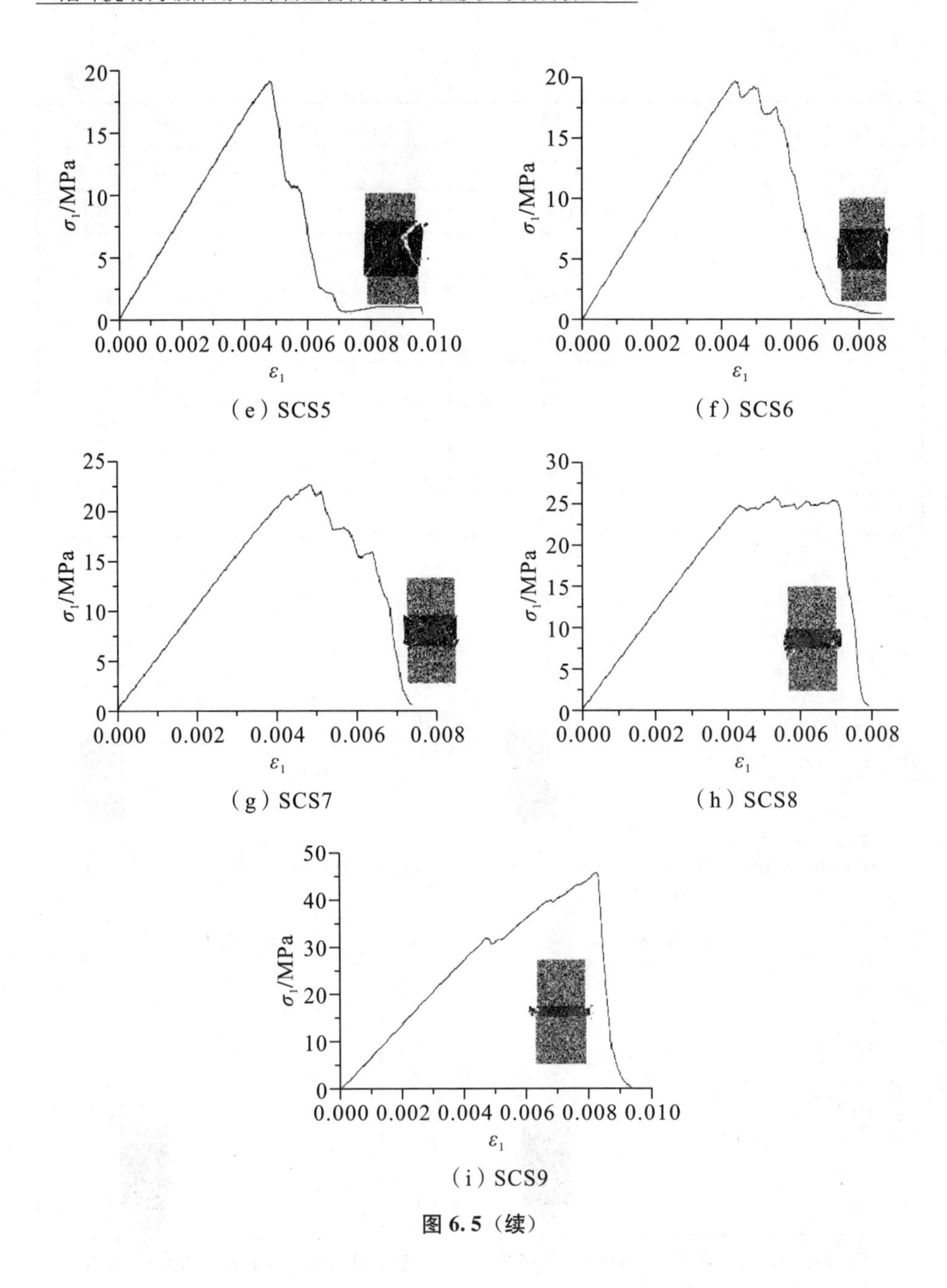

（e）SCS5

（f）SCS6

（g）SCS7

（h）SCS8

（i）SCS9

图 6.5（续）

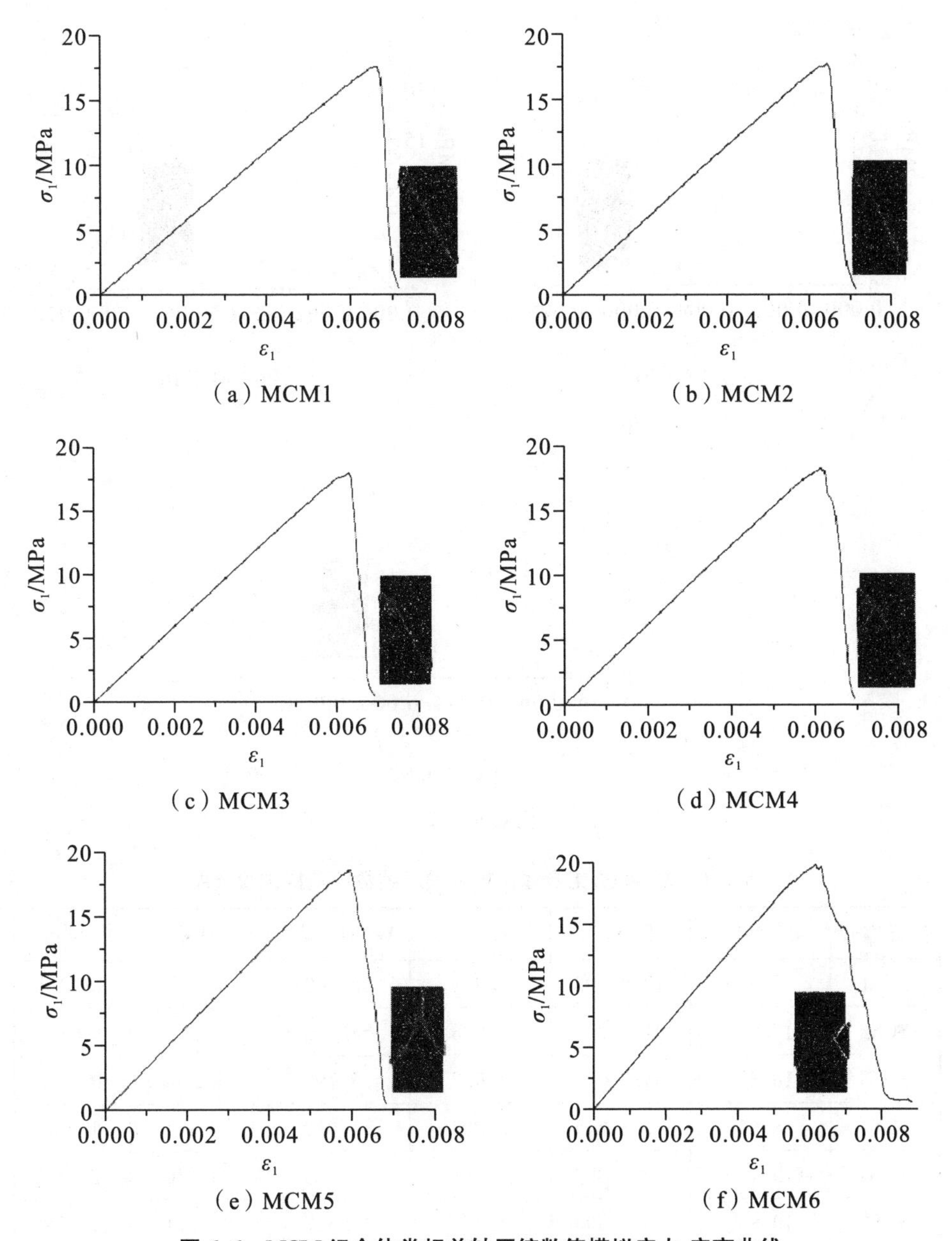

图 6.6　MCM 组合体常规单轴压缩数值模拟应力-应变曲线

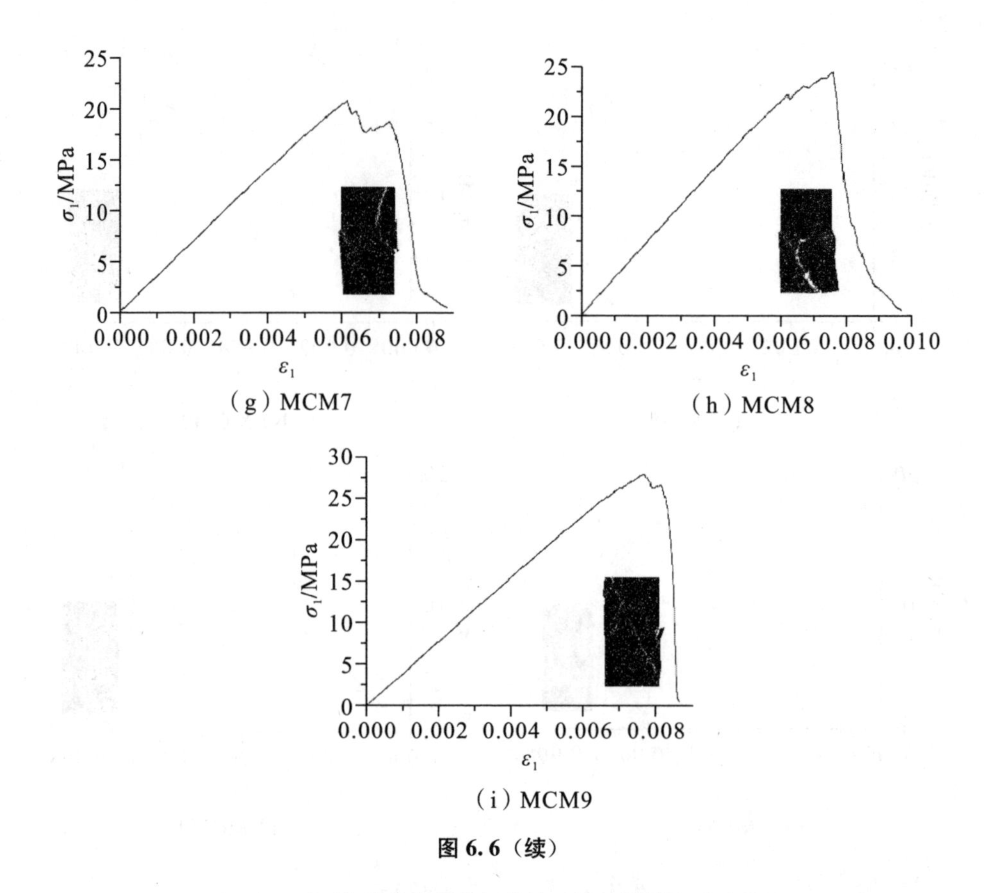

图 6.6（续）

表 6.6　岩-煤-岩组合体常规单轴压缩数值模拟试验结果

试样编号	σ_C/MPa	E/MPa	ε_C/‰	A_S/kJ·m^{-3}	A_X/kJ·m^{-3}	K_E
SCS1	17.699	2879.905	6.379	58.302	4.413	13.211
SCS2	17.811	3110.257	5.935	54.505	5.116	10.654
SCS3	18.386	3378.087	5.662	53.792	5.216	10.313
SCS4	18.648	3703.214	5.263	51.019	31.251	1.633
SCS5	19.140	4088.380	4.817	47.228	20.270	2.330
SCS6	19.829	4566.590	4.377	43.617	36.671	1.189
SCS7	22.547	5143.506	4.834	58.893	36.003	1.636
SCS8	25.687	5885.837	5.306	78.752	53.394	1.475
SCS9	45.664	6898.343	8.258	211.225	15.563	13.573
MCM1	17.548	2746.383	6.647	60.394	4.087	14.778

续表

试样编号	σ_C/MPa	E/MPa	ε_C/‰	A_S/kJ·m^{-3}	A_X/kJ·m^{-3}	K_E
MCM2	17.701	2850.304	6.427	58.585	5.218	11.227
MCM3	17.914	2961.867	6.280	58.103	5.227	11.117
MCM4	18.270	3085.591	6.133	57.747	9.005	6.413
MCM5	18.620	3218.806	6.009	57.817	8.911	6.488
MCM6	19.759	3364.390	6.159	63.295	22.887	2.766
MCM7	20.803	3513.667	6.138	65.743	31.495	2.087
MCM8	24.428	3677.573	7.585	102.263	15.114	6.766
MCM9	27.956	3868.234	7.703	113.145	20.763	5.449

6.2.2　数值模拟试验结果分析

1．强度

SCS和MCM组合体强度σ_C与岩石组分占比η之间的关系如图6.7所示。由图可知，当岩石组分占比相同时，SCS组合体的强度高于MCM组合体的强度。另外，随着岩石组分占比的增加，SCS和MCM组合体的强度增加，强度与岩石组分占比之间呈现良好的指数型函数关系（$y_{SCS}=18.48784+0.000067875e^{11.76756x}$，$R^2=0.98937$；$y_{MCM}=17.33661+0.11577e^{5.0387x}$，$R^2=0.99205$）。当$\eta \leqslant 0.6$时，SCS与MCM组合体强度相差不大，且仅略高于煤样的强度。当$\eta \geqslant 0.7$时，SCS与MCM组合体的强度随岩石组分占比的升高迅速增加，它们之间强度的差异也随岩石组分占比的升高而增大。

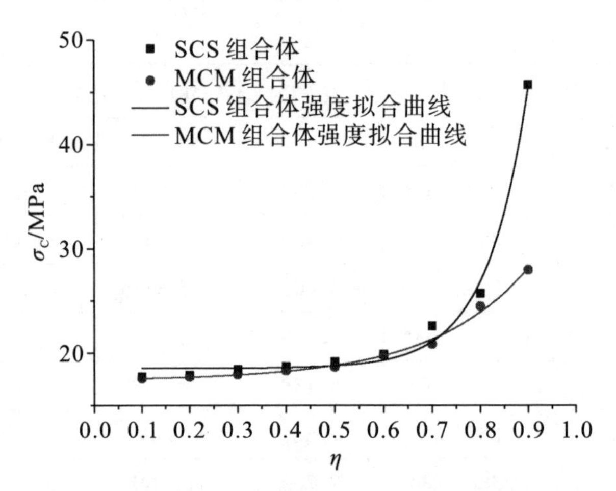

图 6.7　岩石组分占比与岩煤组合体强度之间的关系

通过对 SCS 和 MCM 组合体的强度进行对比还可以得出：当岩石组分占比相同时，强度越高的岩石与煤样组合而成的组合体强度越高。产生这一现象的原因是在相同的应力下，煤、岩组分具有不同的应力-应变关系，即具有不同的储能特征。当岩石高度相同时，在同一应力条件下，强度越高的岩石储能越低，强度越低的岩石储能越高，砂岩、泥岩试样储能对比如图 6.8 所示。所以，岩石组分储能的差异会对岩-煤-岩组合体强度造成显著影响。若岩石组分储能越低，则组合体强度越高；若岩石组分储能越高，则组合体强度越低。

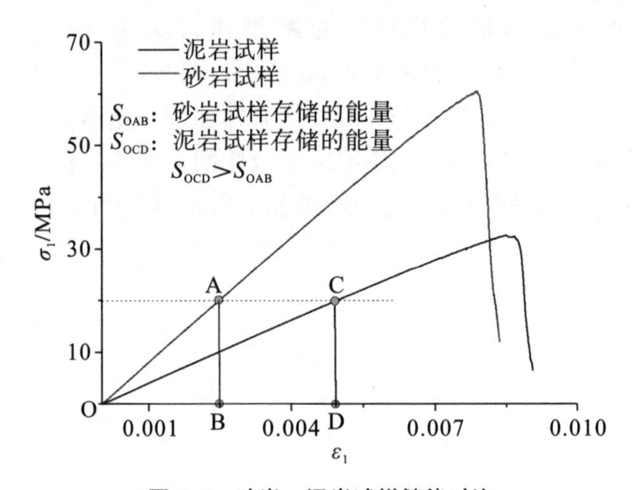

图 6.8　砂岩、泥岩试样储能对比

SCS 和 MCM 组合体与对应岩石试样强度的比例关系如图 6.9 所示。由图可知，当岩石组分占比相同时，MCM 组合体与对应泥岩试样强度的比值大于

SCS 组合体与对应砂岩试样强度的比值。比如，当岩石组分占比为 0.9 时，MCM 组合体强度为 27.956 MPa，达到泥岩试样强度的 85.676%；SCS 组合体强度为 45.664 MPa，为砂岩试样强度的 75.548%。由此可以得出，虽然 SCS 组合体的强度更高，但其接近对应岩样强度的速度却低于 MCM 组合体。

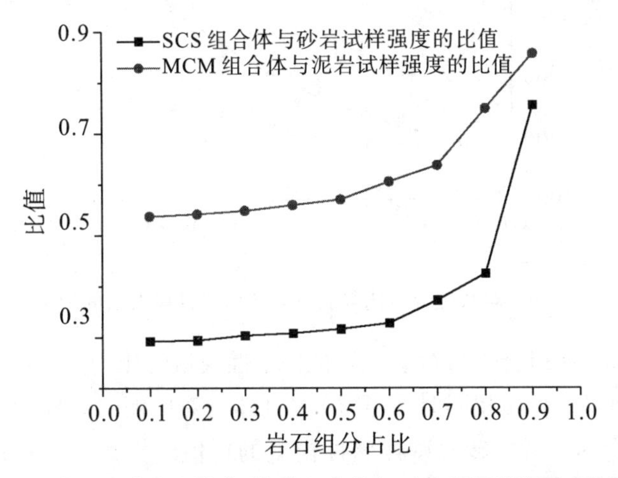

图 6.9　不同岩石组分占比的岩-煤-岩组合体与对应岩石试样强度的比例关系

SCS 和 MCM 组合体弹性模量 E 与岩石组分占比 η 之间的关系如图 6.10 所示。由图可知，当岩石组分占比相同时，SCS 组合体的弹性模量高于 MCM 组合体的。而且，随着岩石组分占比的增加，SCS 和 MCM 组合体的弹性模量也增加，弹性模量与岩石组分占比之间呈现良好的指数型函数关系（$y_{SCS}=2078.92794+665.54852e^{2.19287x}$，$R^2=0.99955$；$y_{MCM}=1486.3775+1163.77006e^{0.79418x}$，$R^2=0.99993$）。另外，SCS 与 MCM 组合体之间的弹性模量的差异随岩石组分占比的升高而增大。

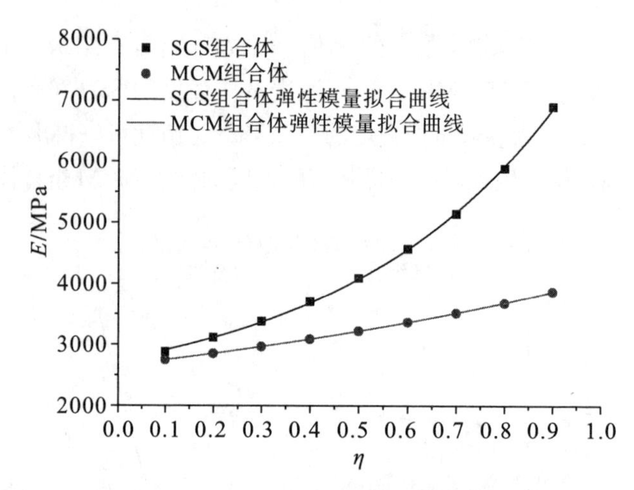

图 6.10　岩石组分占比与岩煤组合体弹性模量之间的关系

SCS 和 MCM 组合体与对应岩石试样弹性模量的比例关系如图 6.11 所示。由图可知，当岩石占比相同时，MCM 组合体与对应泥岩试样弹性模量的比值大于 SCS 组合体与对应砂岩试样弹性模量的比值。比如，当岩石组分占比为 0.9 时，MCM 组合体弹性模量为 3868.234 MPa，达到泥岩试样弹性模量的 95.679%；SCS 组合体弹性模量为 6898.343 MPa，达到砂岩试样弹性模量的 86.278%。由此可以得出，虽然 SCS 组合体的弹性模量更高，但其接近对应岩样弹性模量的速度却低于 MCM 组合体。

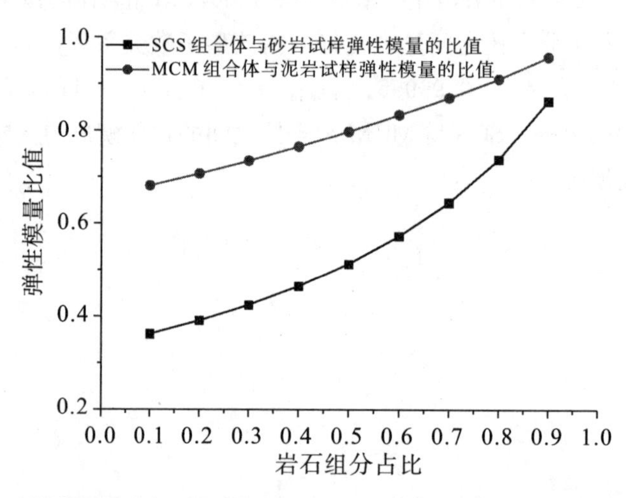

图 6.11　不同岩石组分占比岩-煤-岩组合体与对应岩石试样弹性模量的比例关系

2. 应力峰值点对应的轴向应变

SCS 和 MCM 组合体的应力峰值点对应的轴向应变 ε_c 与岩石组分占比 η

之间的关系如图 6.12 所示。由图可知，当 $\eta \leqslant 0.8$ 时，MCM 组合体应力峰值点对应的轴向应变大于 SCS 组合体的；当 $\eta \geqslant 0.9$ 时，SCS 组合体应力峰值点对应的轴向应变迅速增大并超过 MCM 组合体的。另外，两种组合体的应力峰值点对应的轴向应变随岩石组分占比的升高呈“先减小后增大”的演化特征。其中，$\eta=0.5$ 是 MCM 组合体应力峰值点对应的轴向应变的转折点，$\eta=0.6$ 是 SCS 组合体应力峰值点对应的轴向应变的转折点。

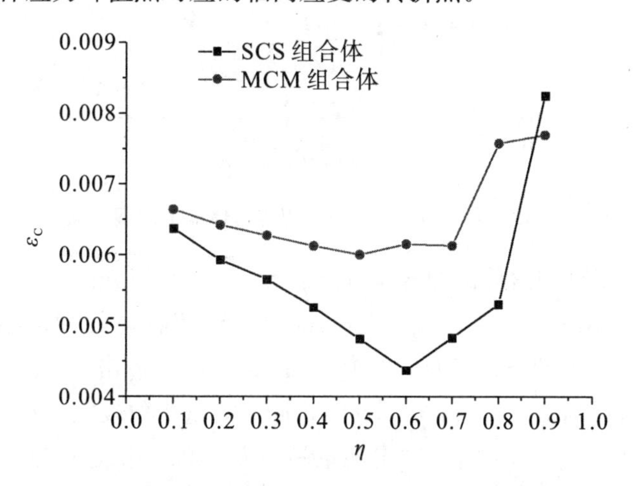

图 6.12　岩石组分占比与岩-煤-岩组合体应力峰值点对应的轴向应变之间的关系

3. 峰前、峰后能量

SCS 和 MCM 组合体的峰前弹性能和峰后耗散能与岩石组分占比之间的关系如图 6.13 所示。由图可知，当 $\eta \leqslant 0.8$ 时，MCM 组合体峰前弹性能大于 SCS 组合体；当 $\eta=0.9$ 时，SCS 组合体的峰前弹性能迅速增大，并超过 MCM 组合体的。另外，SCS 和 MCM 组合体的峰前弹性能随岩石组分占比的升高呈“先减小后增大”的演化特征。其中，$\eta=0.4$ 是 MCM 组合体峰前弹性能变化的转折点，$\eta=0.6$ 是 SCS 组合体峰前弹性能变化的转折点；但 MCM 组合体峰前弹性能在降低阶段的趋势不明显，而 SCS 组合体峰前弹性能在降低阶段的趋势性比较明显。SCS 和 MCM 组合体峰后耗散能的变化规律没有峰前弹性能那么明显，但整体的趋势是在波动中增大和减小。这一特征表明岩-煤-岩型组合体在峰后破坏阶段的复杂性。

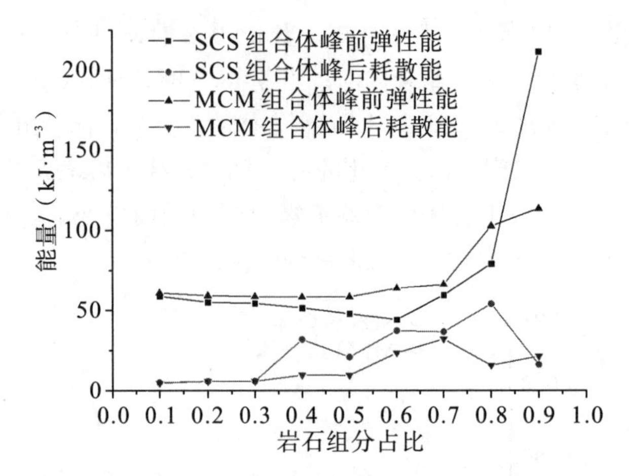

图 6.13 岩石组分占比与岩煤组合体能量之间的关系

SCS 和 MCM 组合体的冲击能量指数 K_E 与岩石组分占比 η 之间的关系如图 6.14 所示。由图可知，当 $\eta \leqslant 0.8$ 时，MCM 组合体的冲击能量指数大于 SCS 组合体。对于 SCS 组合体，当 $0.4 \leqslant \eta < 0.8$ 时，冲击能量指数呈现一个比较稳定的平台；当 $\eta \leqslant 0.3$ 和 $\eta \geqslant 0.9$ 时，冲击能量指数较大。对于 MCM 组合体来说，当 $0.6 \leqslant \eta \leqslant 0.7$ 时，冲击能量指数基本保持稳定；当 $\eta \leqslant 0.5$ 和 $\eta \geqslant 0.8$ 时，冲击能量指数较大。由此可以得出，SCS 和 MCM 组合体冲击能量指数随岩石组分占比的升高呈现“两头大中间小”的特征。

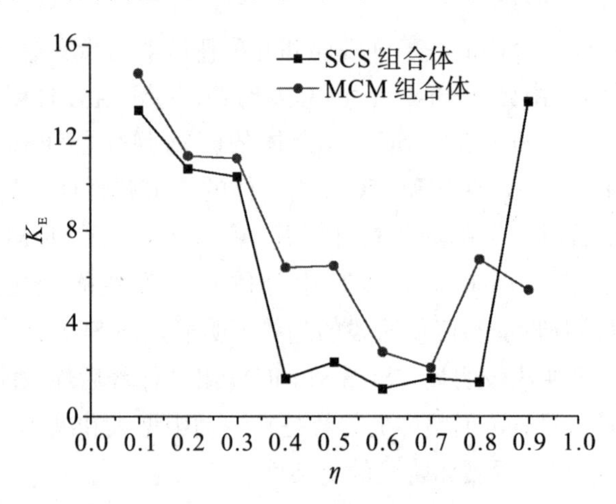

图 6.14 岩石组分占比与岩煤组合体冲击能量指数之间的关系

6.3　煤岩组合体预静载与循环扰动荷载加载力学特性

6.3.1　数值模拟方案

基于 SCS 和 MCM 组合体常规单轴压缩数值模拟结果，对这两类组合体进行预静载与循环扰动荷载加载数值模拟试验。在数值模拟试验中，先按 0.05 m/s 的加载速率加载至第一级扰动荷载的应力水平，然后按 0.05 m/s 的卸载速率卸载至 10.0 MPa（用来模拟煤系地层中的静荷载）。按照 0.05 m/s的加载速率加载至第二级扰动荷载的应力水平，然后按 0.05 m/s 的卸载速率卸载至 10.0 MPa。以此类推，直至 SCS 和 MCM 组合体完全破坏。具体的试验设计详见表 6.7，预静载与循环扰动加卸载波形简图如图 6.15 所示。

表 6.7　煤岩组合体预静载与循环扰动荷载加载试验设计

组合体类型	下限应力/MPa	第一级扰动荷载上限应力水平/%	扰动荷载应力水平增量/%
SCS 组合体	10.0	75	10
MCM 组合体	10.0	75	10

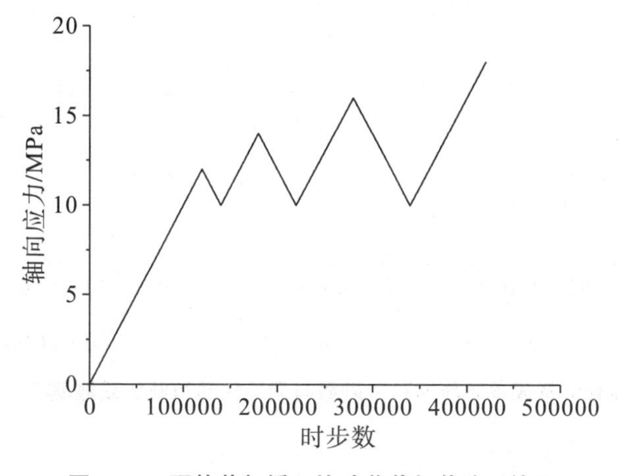

图 6.15　预静载与循环扰动荷载加载波形简图

6.3.2 基本力学特性

1. 数值模拟应力-应变曲线

由图 6.16 可以看出，当 $\eta \leqslant 0.3$ 时，SCS 组合体在常规单轴压缩和预静载与循环扰动荷载作用下的数值模拟应力-应变曲线形态重合性较好；当 $0.4 \leqslant \eta \leqslant 0.6$ 时，SCS 组合体在常规单轴压缩和预静载与循环扰动荷载作用下的数值模拟应力-应变峰前曲线形态具有较好的重合性，但峰后曲线形态开始出现明显变化；当 $\eta \geqslant 0.7$ 时，SCS 组合体在常规单轴压缩和预静载与循环扰动荷载作用下的数值模拟应力-应变峰前曲线后段及峰后曲线形态均发生了明显变化。

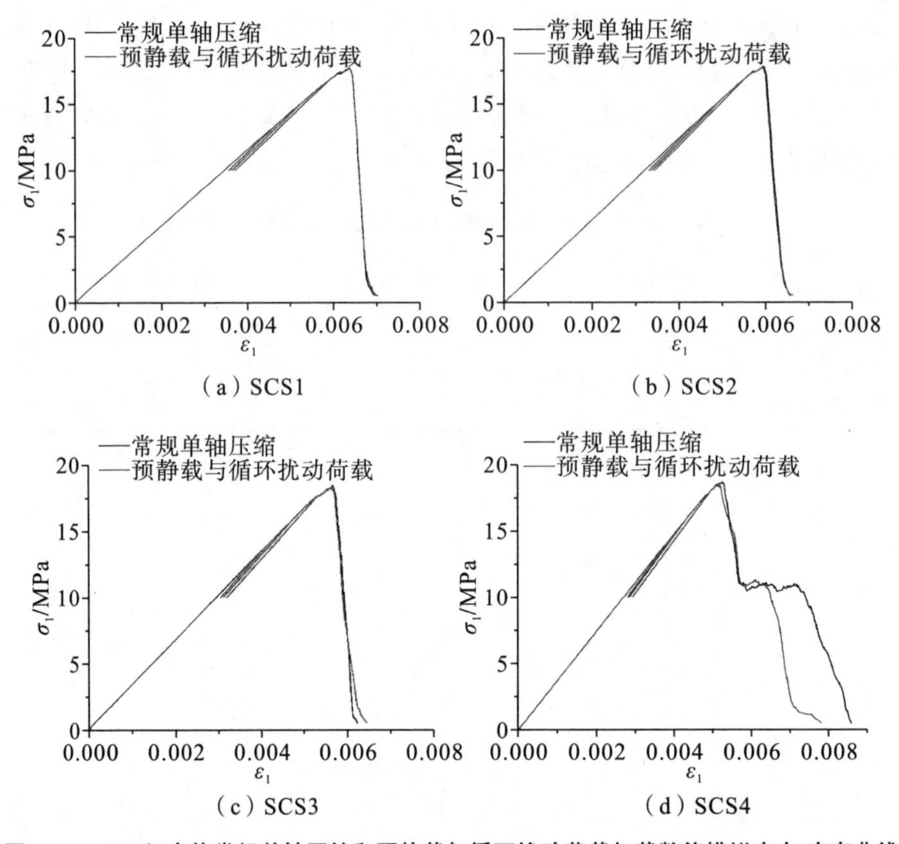

(a) SCS1　(b) SCS2　(c) SCS3　(d) SCS4

图 6.16　SCS 组合体常规单轴压缩和预静载与循环扰动荷载加载数值模拟应力-应变曲线

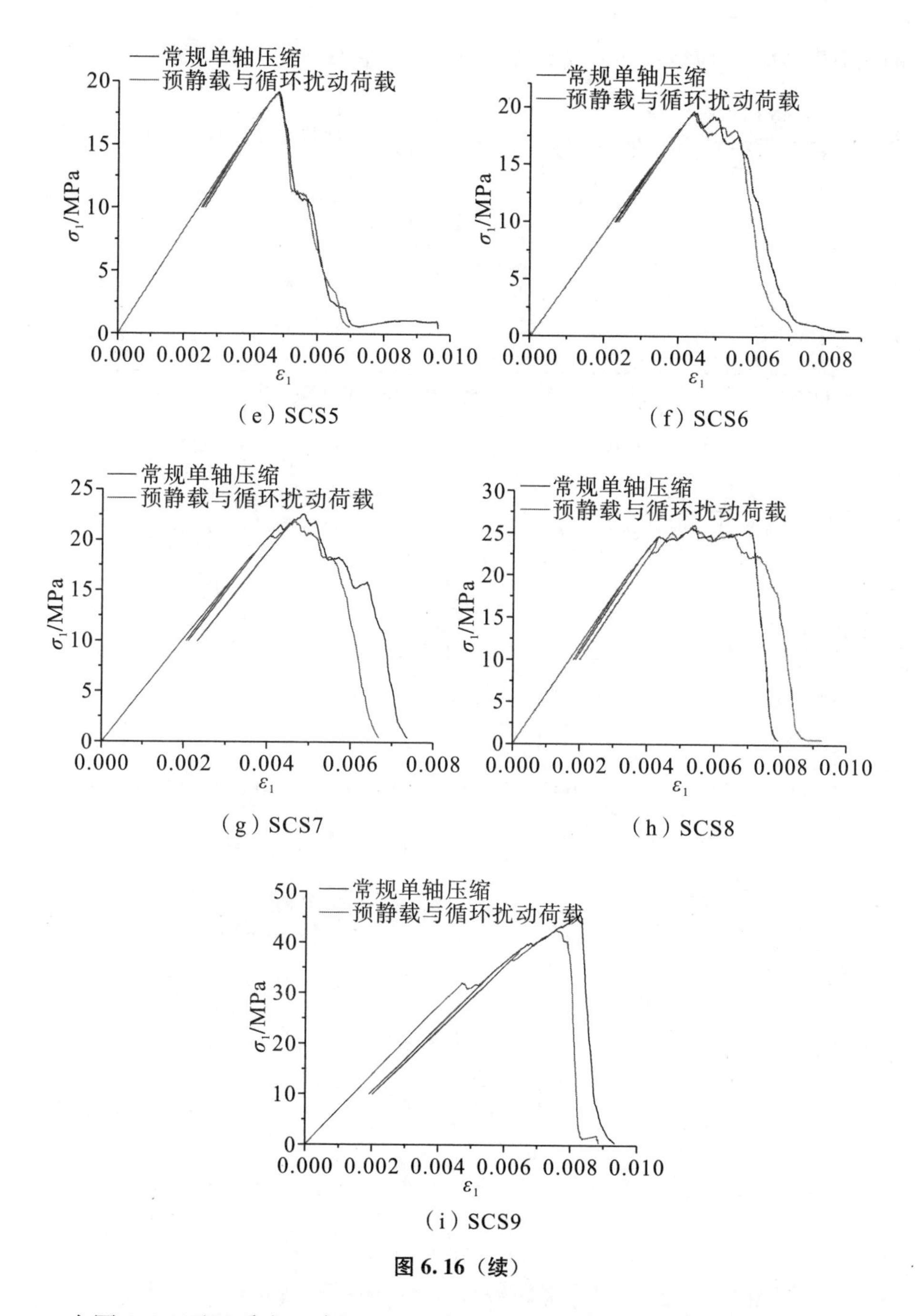

(e) SCS5

(f) SCS6

(g) SCS7

(h) SCS8

(i) SCS9

图 6.16（续）

由图 6.17 可以看出，当 $\eta \leqslant 0.5$ 时，MCM 组合体在常规单轴压缩和预静载与循环扰动荷载作用下的数值模拟应力-应变曲线形态具有较好的重合性；当 $\eta \geqslant 0.6$ 时，MCM 组合体在常规单轴压缩和预静载与循环扰动荷载作用下的数值模拟应力-应变峰前曲线后段及峰后曲线形态均发生了明显变化。

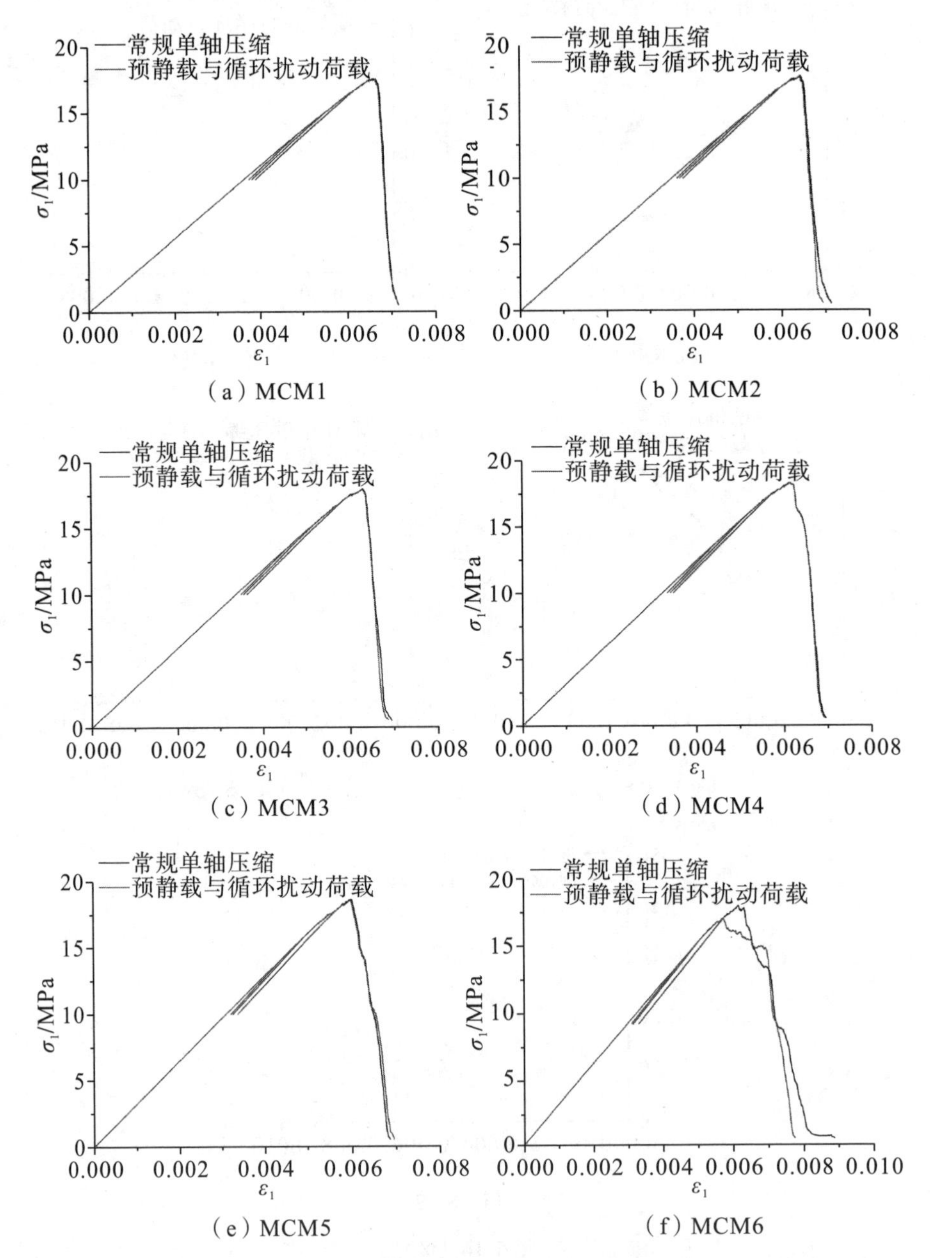

(a) MCM1　(b) MCM2

(c) MCM3　(d) MCM4

(e) MCM5　(f) MCM6

图 6.17　MCM 组合体常规单轴压缩和预静载与循环扰动荷载加载数值模拟应力-应变曲线

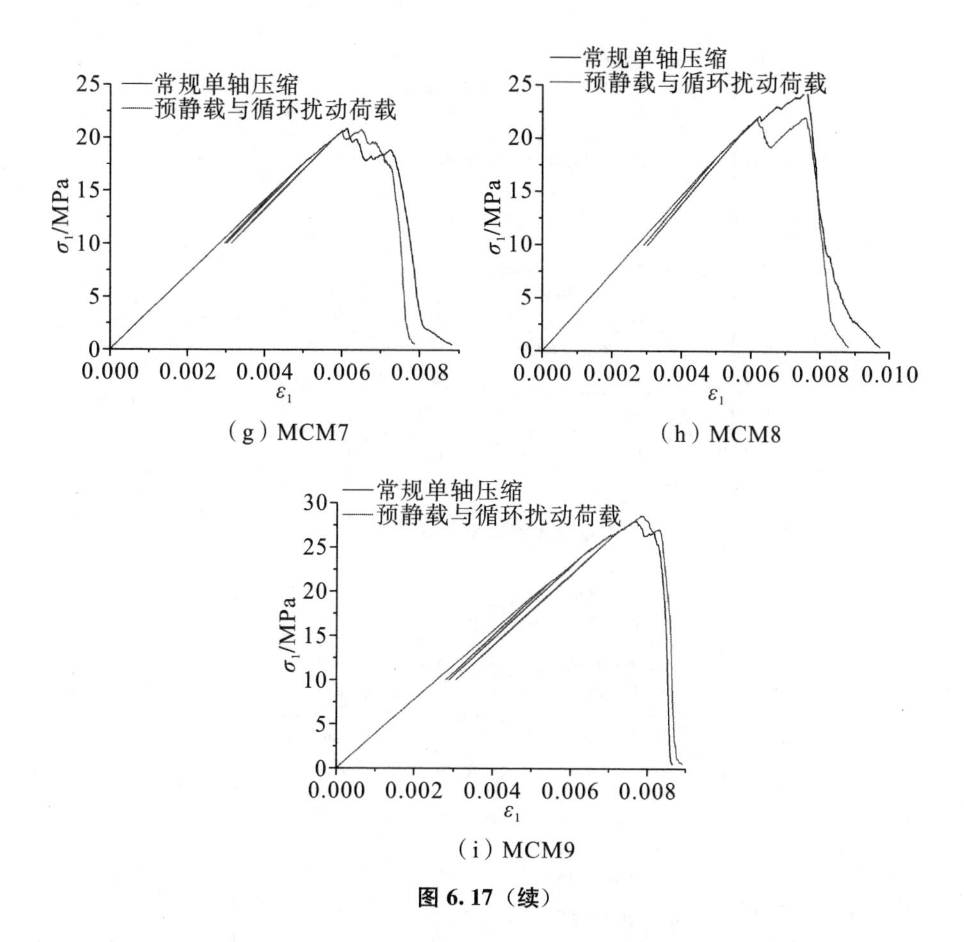

(g) MCM7

(h) MCM8

(i) MCM9

图 6.17（续）

对图 6.16 和图 6.17 进行对比可以得出，SCS 组合体在常规单轴压缩和预静载与循环扰动荷载作用下的数值模拟应力-应变曲线形态的变化要大于 MCM 组合体的，即表明煤岩组合体中岩石组分强度越高，这种差异会更明显。

2. 强度

煤岩组合体在常规单轴压缩和预静载与循环扰动荷载作用下的强度（图 6.18）及其对比（表 6.8）。

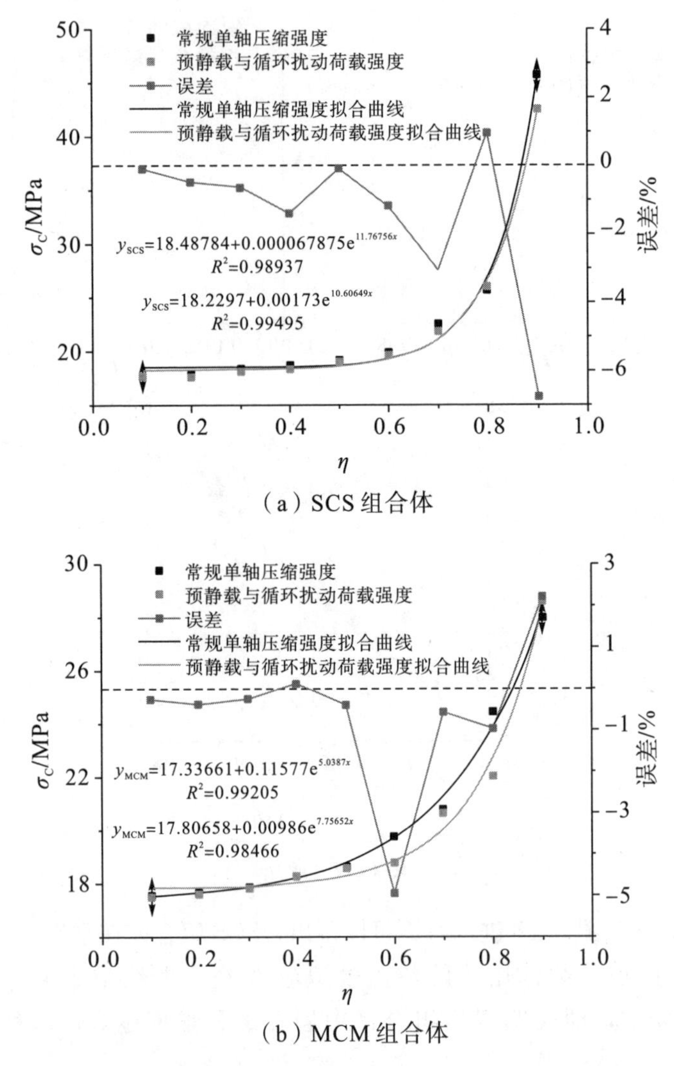

（a）SCS 组合体

（b）MCM 组合体

图 6.18 煤岩组合体常规单轴压缩和预静载与循环扰动荷载强度

表 6.8 煤岩组合体常规单轴压和预静载与循环扰动荷载强度对比

试样编号	σ_C/MPa		误差/%
	常规单轴压缩	预静载与循环扰动荷载	
SCS1	17.699	17.682	−0.096
SCS2	17.811	17.724	−0.488
SCS3	18.386	18.271	−0.625
SCS4	18.648	18.388	−1.394

续表

试样编号	σ_C/MPa		误差/%
	常规单轴压缩	预静载与循环扰动荷载	
SCS5	19.140	19.122	−0.094
SCS6	19.829	19.599	−1.160
SCS7	22.547	21.813	−3.055
SCS8	25.687	25.930	0.946
SCS9	45.664	42.584	−6.745
MCM1	17.548	17.501	−0.268
MCM2	17.701	17.635	−0.373
MCM3	17.914	17.866	−0.268
MCM4	18.270	18.291	0.115
MCM5	18.620	18.544	−0.408
MCM6	19.759	18.777	−4.970
MCM7	20.803	20.682	−0.582
MCM8	24.428	22.024	−0.984
MCM9	27.956	28.579	2.229

由图6.18和表6.8可以看出，在SCS组合体的9种砂岩组分占比方案中，只有当$\eta=0.8$时，SCS组合体在预静载与循环扰动荷载作用下的强度大于其常规单轴压缩的。在MCM组合体的9种泥岩组分占比方案中，当$\eta=0.4$和$\eta=0.9$时，MCM组合体在预静载与循环扰动荷载作用下的强度大于其常规单轴压缩的。另外，预静载与循环扰动荷载作用下SCS和MCM组合体的强度与岩石组分占比之间也呈现良好的指数型函数关系（$y_{SCS}=18.2297+0.00173e^{10.60649x}$，$R^2=0.99495$；$y_{MCM}=17.80658+0.00986e^{7.75652x}$，$R^2=0.98466$），且在常规单轴压缩和预静载与循环扰动荷载作用下的SCS组合体的强度差异小于MCM组合体的。

综合上述分析，可以确定预静载与循环扰动荷载对煤岩组合体具有塑性软化和塑性强化两个效应，具体哪一个效应会占主导地位则与扰动荷载加卸载过程中煤岩组合体内部颗粒的变形、错位及缺陷的演化有关。塑性软化效应使得煤岩组合体内部裂纹和缺陷进一步发展，从而降低煤岩组合体的强度；塑性硬化效应则会限制煤岩组合体内部裂纹和缺陷的发展，从而提高煤岩组合体的强度。这两个效应的相互制约决定了煤岩组合体的最终强度。

3. 应力峰值点对应的轴向应变

煤岩组合体常规单轴压缩和预静载与循环扰动荷载作用下的应力峰值点对应的轴向应变（图 6.19）及其对比（表 6.9）。

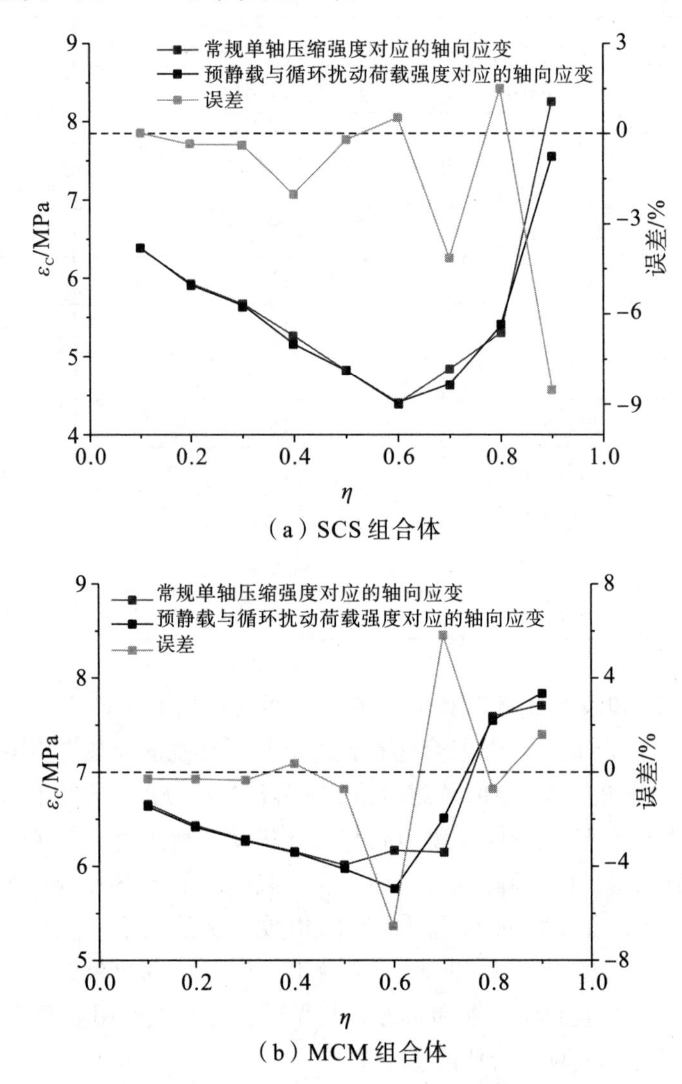

图 6.19　煤岩组合体常规单轴压缩和预静载与循环扰动荷载加载应力峰值点对应的轴向应变

表 6.9　煤岩组合体常规单轴压缩和预静载与循环扰动荷载应力峰值点对应的轴向应变对比

试样编号	ε_C/‰		误差/%
	常规单轴压缩	预静载与循环扰动荷载	
SCS1	6.379	6.380	0.016
SCS2	5.935	5.914	−0.354
SCS3	5.662	5.641	−0.371
SCS4	5.263	5.157	−2.014
SCS5	4.817	4.808	−0.187
SCS6	4.377	4.401	0.548
SCS7	4.834	4.634	−4.137
SCS8	5.306	5.387	1.527
SCS9	8.258	7.552	−8.549
MCM1	6.647	6.628	−0.286
MCM2	6.427	6.406	−0.327
MCM3	6.280	6.255	−0.398
MCM4	6.133	6.154	0.342
MCM5	6.009	5.965	−0.732
MCM6	6.159	5.753	−6.592
MCM7	6.138	6.494	5.780
MCM8	7.585	7.532	−0.699
MCM9	7.703	7.824	1.571

由图6.19和表6.9可以看出，与常规压缩试验结果相比，在SCS组合体的9种砂岩组分占比方案中，当砂岩组分占比为0.1、0.6和0.8时，SCS组合体在预静载与循环扰动荷载作用下的应力峰值点对应的轴向应变增大；而表6.8表明其强度只在砂岩组分占比为0.8时增大。在MCM组合体的9种泥岩组分占比方案中，当泥岩组分占比为0.4、0.7和0.9时，MCM组合体在预静载与循环扰动荷载作用下的应力峰值点对应的轴向应变增大；而表6.8表明其强度在泥岩组分占比为0.4和0.9时增大。另外，两种组合体在预静载与循环扰动荷载作用下的应力峰值点对应的轴向应变随岩石占比的增加呈"先减小后增大"的演化特征。其中，岩石组分占比为0.6是SCS和MCM组合体应

力峰值点对应轴向应变的转折点。

图 6.20 展示了常规单轴压缩和预静载与循环扰动荷载作用下煤岩组合体的强度误差和应力峰值点对应的轴向应变误差随岩石组分占比的演化规律。由图 6.20 可以看出，除岩石组分占比为 0.6 外，SCS 组合体的这两种误差的演化具有较好的一致性；而 MCM 组合体的这两种误差在 9 种岩石组分占比时的演化均具有较好的一致性。这一特征表明，如果在确定强度误差的演化规律后，也基本可以确定应力峰值点对应轴向应变误差的演化规律，相反亦如此。

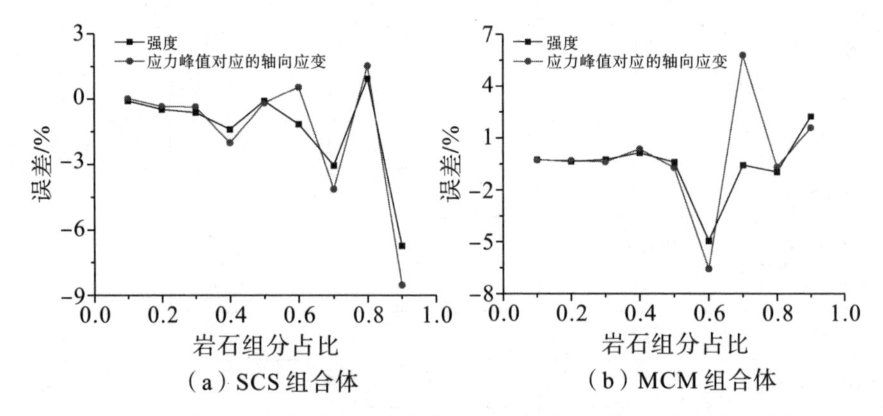

图 6.20　煤岩组合体强度误差和应力峰值点对应的轴向应变误差对比

4. 弹性模量与不可逆应变

SCS 和 MCM 组合体在预静载与循环扰动荷载作用下的弹性模量和不可逆应变见表 6.10 和表 6.11。图 6.21 和图 6.22 展示了 SCS 和 MCM 组合体的弹性模量和不可逆应变随扰动加载次数的演化特征。本书中的弹性模量是指设置的预静载（10 MPa）与对应常规单轴压缩强度 75％的点之间在加载阶段的割线弹性模量。

表 6.10　SCS 组合体在预静载与循环扰动荷载作用下的弹性模量和不可逆应变

试样编号	参数	加载次数			
		1	2	3	4
SCS1	弹性模量/MPa	2819.240	3114.605	3112.236	3101.620
	不可逆应变/$\times10^{-6}$	110.088	68.154	76.566	—
SCS2	弹性模量/MPa	3049.629	3357.903	3354.787	3345.895
	不可逆应变/$\times10^{-6}$	99.637	65.863	66.418	—

续表

试样编号	参数	加载次数			
		1	2	3	4
SCS3	弹性模量/MPa	3302.854	3638.411	3635.717	3615.582
	不可逆应变/$\times10^{-6}$	107.775	57.809	82.453	—
SCS4	弹性模量/MPa	3624.953	3984.732	3986.723	3962.135
	不可逆应变/$\times10^{-6}$	97.118	42.171	88.261	—
SCS5	弹性模量/MPa	4028.389	4392.435	4392.988	4369.962
	不可逆应变/$\times10^{-6}$	89.188	42.317	62.183	—
SCS6	弹性模量/MPa	4505.801	4897.373	4901.542	4880.620
	不可逆应变/$\times10^{-6}$	84.050	31.936	59.603	—
SCS7	弹性模量/MPa	5076.008	5496.785	5476.391	5271.928
	不可逆应变/$\times10^{-6}$	104.186	54.700	212.282	—
SCS8	弹性模量/MPa	5821.964	6269.492	6235.727	6066.129
	不可逆应变/$\times10^{-6}$	114.082	61.803	129.448	—
SCS9	弹性模量/MPa	5745.933	6490.425	6378.812	—
	不可逆应变/$\times10^{-6}$	485.692	92.088	—	—

表6.11　MCM组合体在预静载与循环扰动荷载作用下的弹性模量和不可逆应变

试样编号	参数	加载次数			
		1	2	3	4
MCM1	弹性模量/MPa	2680.189	2976.264	2975.405	2965.052
	不可逆应变/$\times10^{-6}$	112.611	72.720	80.723	—
MCM2	弹性模量/MPa	2787.518	3084.988	3084.568	3074.155
	不可逆应变/$\times10^{-6}$	116.336	65.411	73.558	—
MCM3	弹性模量/MPa	2899.319	3202.041	3201.829	3189.955
	不可逆应变/$\times10^{-6}$	112.604	65.449	77.364	—
MCM4	弹性模量/MPa	3029.792	3333.576	3333.710	3321.126
	不可逆应变/$\times10^{-6}$	112.415	61.645	73.600	—
MCM5	弹性模量/MPa	3163.666	3472.481	3476.579	3447.088
	不可逆应变/$\times10^{-6}$	112.265	50.459	114.185	—

续表

试样编号	参数	加载次数			
		1	2	3	4
MCM6	弹性模量/MPa	3315.436	3623.372	3626.944	3593.178
	不可逆应变/$\times10^{-6}$	125.975	42.064	161.032	—
MCM7	弹性模量/MPa	3471.142	3779.394	3781.794	3747.252
	不可逆应变/$\times10^{-6}$	132.984	48.661	126.984	—
MCM8	弹性模量/MPa	3618.368	3937.657	3912.041	—
	不可逆应变/$\times10^{-6}$	188.349	104.144	—	—
MCM9	弹性模量/MPa	3810.358	4129.173	4119.442	4042.638
	不可逆应变/$\times10^{-6}$	226.261	82.750	167.618	—

由表 6.10 和表 6.11 可知，当加载次数相同时，随着岩石组分占比的增加，SCS 和 MCM 组合体的弹性模量均增加；当岩石组分占比相同时，在相同的加载次数条件下，SCS 组合体的弹性模量大于 MCM 组合体的。但当加载次数相同时，不可逆应变与岩石组分占比之间没有明显规律。

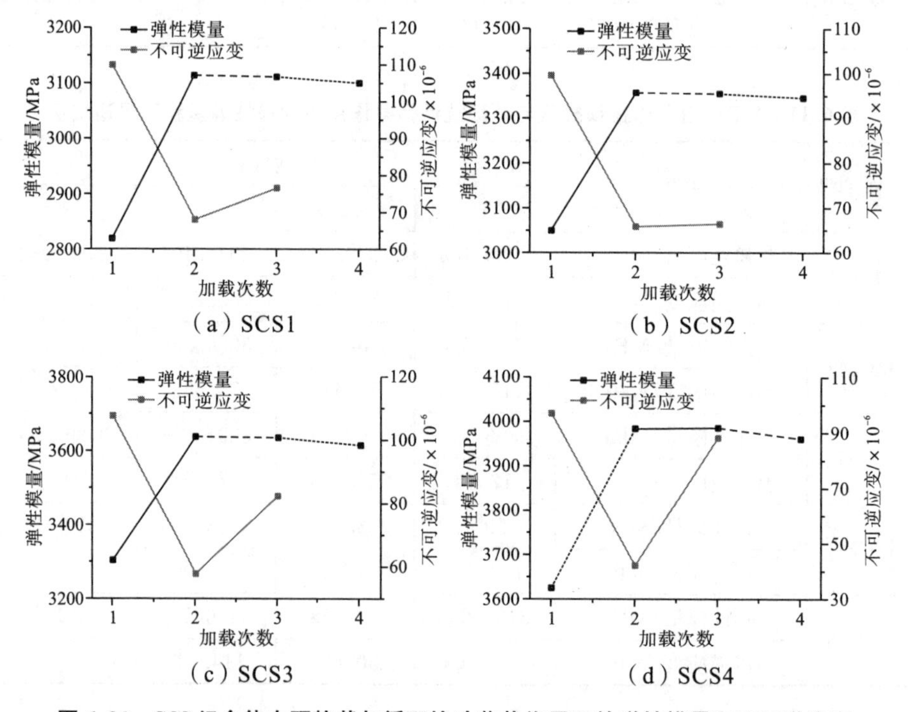

图 6.21　SCS 组合体在预静载与循环扰动荷载作用下的弹性模量和不可逆应变

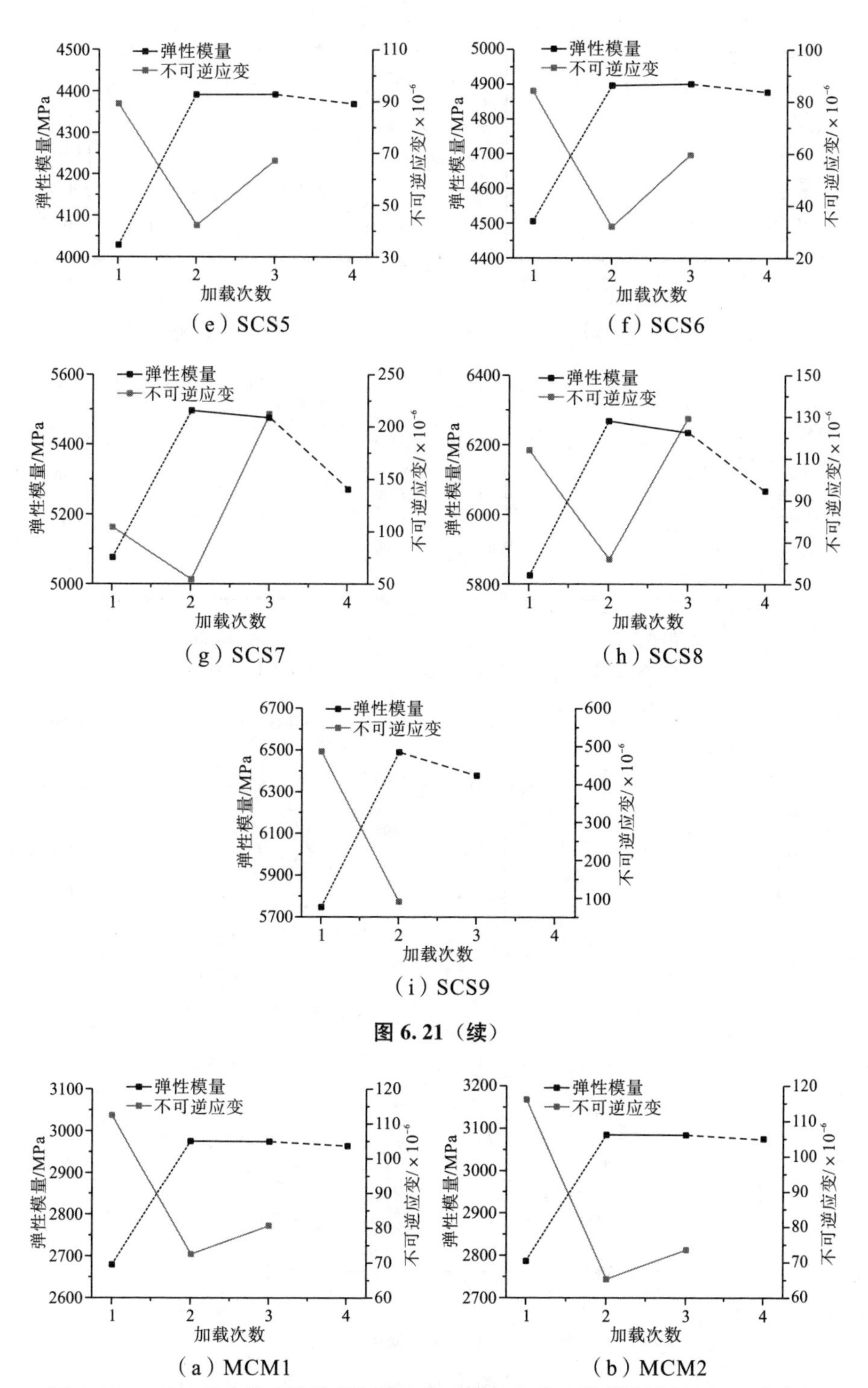

（e）SCS5

（f）SCS6

（g）SCS7

（h）SCS8

（i）SCS9

图 6.21（续）

（a）MCM1

（b）MCM2

图 6.22　MCM 组合体在预静载与循环扰动荷载作用下的弹性模量和不可逆应变

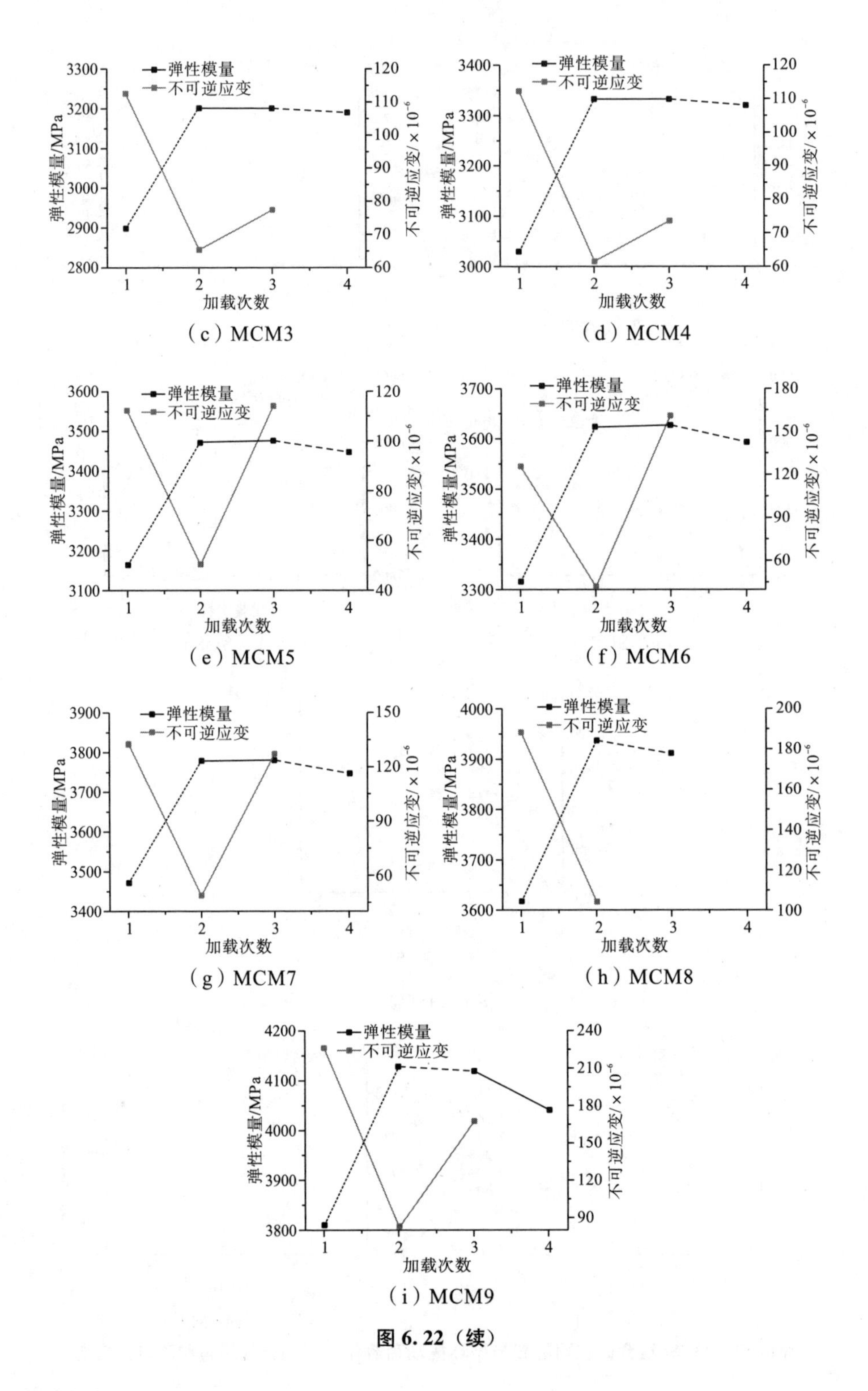

（c）MCM3

（d）MCM4

（e）MCM5

（f）MCM6

（g）MCM7

（h）MCM8

（i）MCM9

图 6.22（续）

由表 6.10 和表 6.11、图 6.21 和图 6.22 可知，两种煤岩组合体在最后一个扰动加载阶段的弹性模量均小于前一个扰动加载阶段；除 SCS9 和 MCM8 组合体是在经历 3 个扰动循环加载破坏外，其他不同岩石组分占比的煤岩组合体均经历 4 个扰动循环加载发生破坏，且由倒数第二个扰动加载阶段引起的不可逆应变均大于前一个扰动加载阶段。所以，对于本书中设计的循环扰动加载路径，可通过弹性模量和不可逆应变的变化特征对煤岩组合体的破坏进行较可靠的预测，即在相同应力增量的循环扰动加载过程中，当某一个扰动加载循环结束后的不可逆应变增大，且后一个扰动加载阶段的弹性模量降低时，预示着试样即将发生破坏。

6.3.3 裂纹演化和声发射特征

1. 裂纹演化特征

SCS 和 MCM 组合体在预静载与循环扰动荷载作用下的裂纹演化特征如图 6.23 和图 6.24 所示。

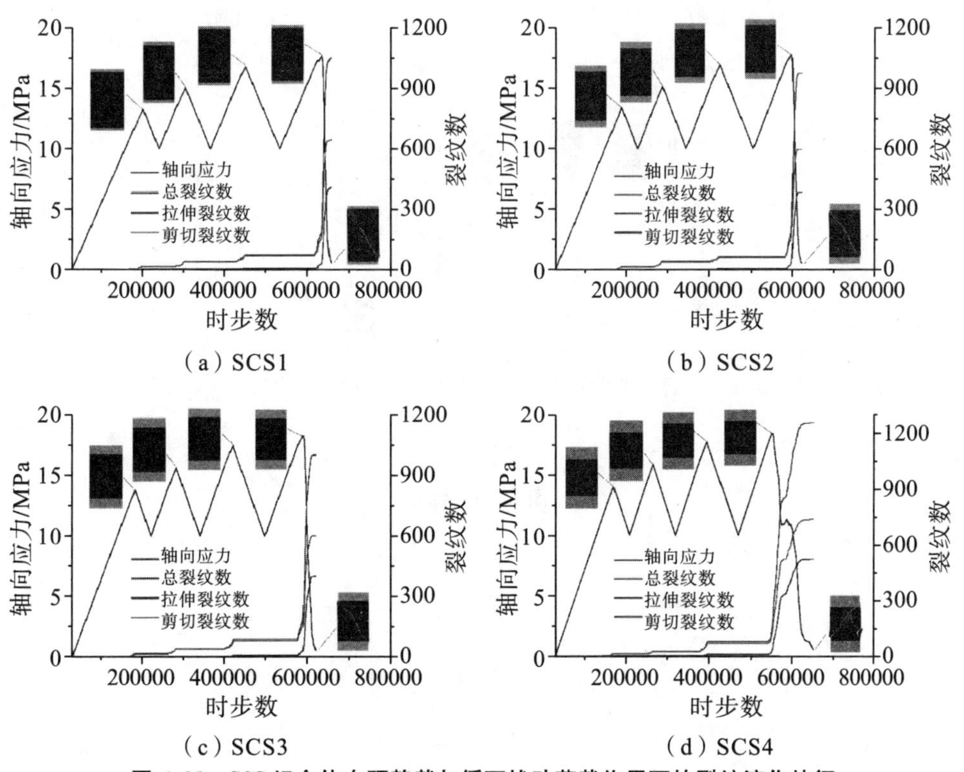

图 6.23　SCS 组合体在预静载与循环扰动荷载作用下的裂纹演化特征

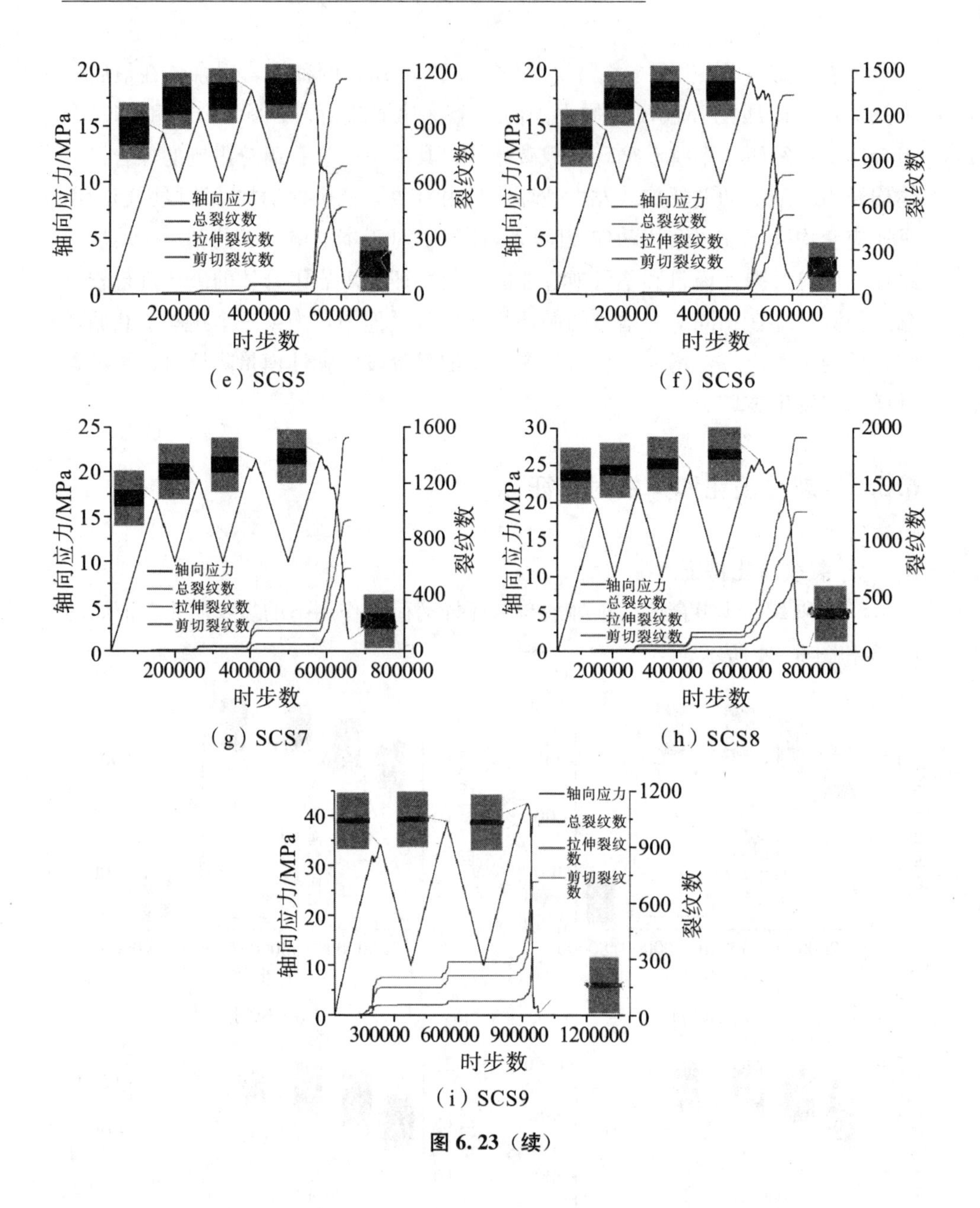

（e）SCS5

（f）SCS6

（g）SCS7

（h）SCS8

（i）SCS9

图 6.23（续）

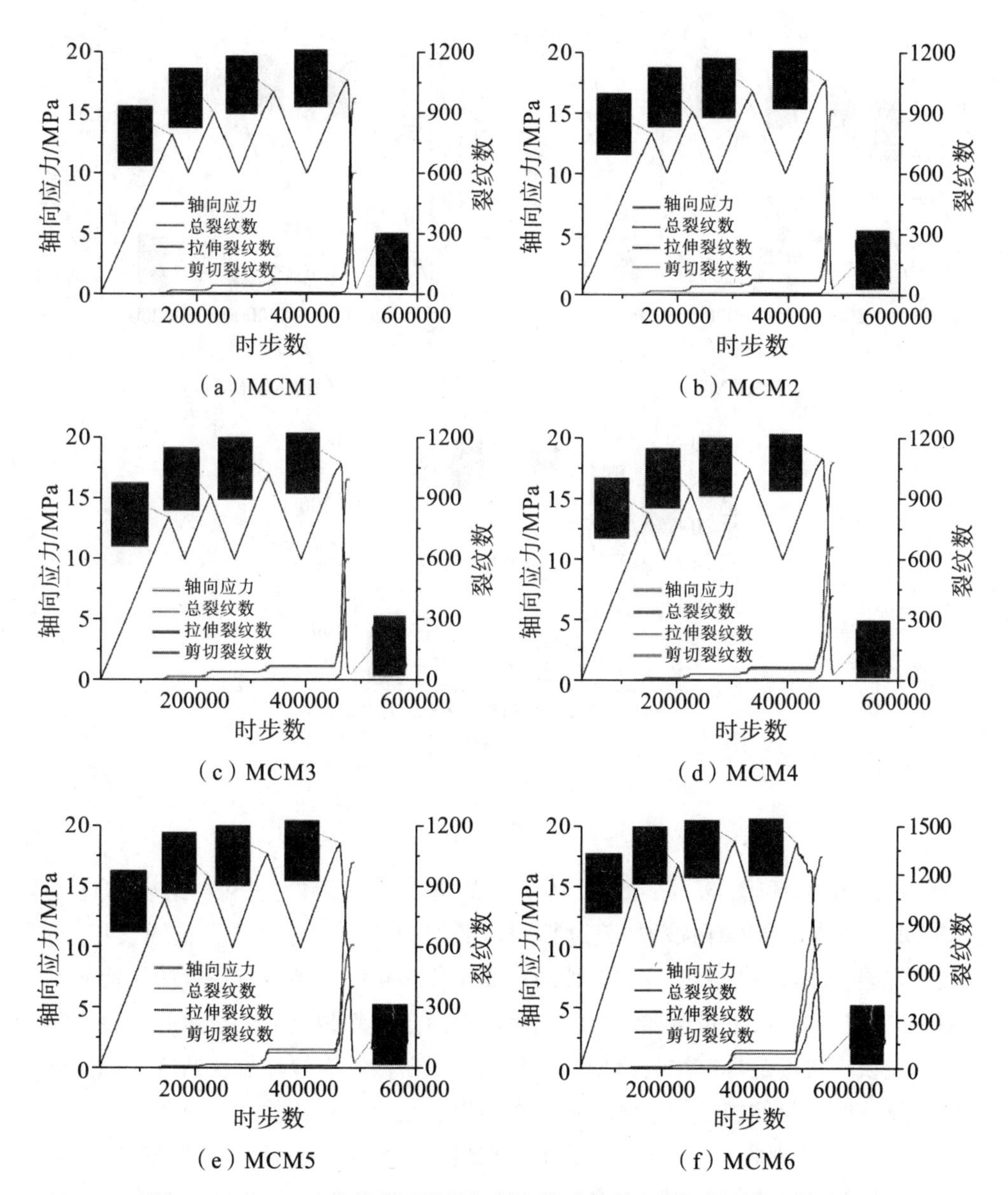

图 6.24　MCM 组合体在预静载与循环扰动荷载作用下的裂纹演化特征

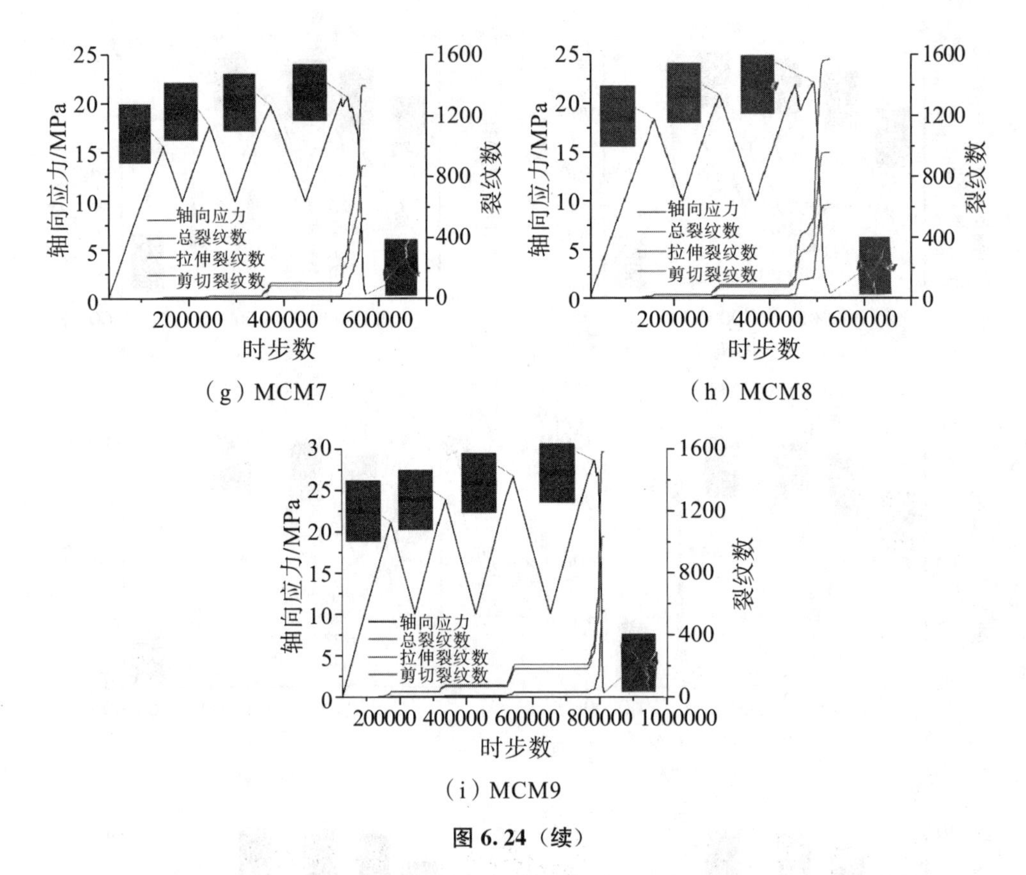

（g）MCM7

（h）MCM8

（i）MCM9

图 6.24（续）

由图 6.23 和图 6.24 可知，在所有的方案中，无论是 SCS 组合体还是 MCM 组合体，在循环扰动加载过程中，剪切裂纹呈“多台阶”状增长特征，且剪切裂纹的数量均大于拉伸裂纹的；而拉伸裂纹的“多台阶”状增长特征不明显，且拉伸裂纹大量增加的时间点明显滞后于剪切裂纹的。虽然剪切裂纹和拉伸裂纹在接近破坏前均会出现一个急剧增长阶段，但拉伸裂纹的这一特征更加明显，所以拉伸裂纹的急剧增长可作为煤岩组合体破坏的一个前兆特征。

由图 6.23 和图 6.24 还可以看出，在最后一个扰动加载循环的峰值应力点处，煤岩组合体内部裂纹还没有形成贯穿整个试样的裂纹，表明此时煤岩组合体并没有完全破坏，其完全破坏是在峰后的某一点出现。另外，在最后一个扰动加载循环的峰后阶段，当应力达到某一数值后，总裂纹的数量不再增加，表明此时煤岩组合体已经完全破坏，不再具备承载能力。表 6.12 和图 6.25 反映了 SCS 和 MCM 组合体完全破坏时对应的轴向应变、轴向应力及总裂纹数。

表 6.12　预静载与循环扰动荷载作用下煤岩组合体峰后完全破坏时的轴向应变、轴向应力和总裂纹数

试样编号	完全破坏时轴向应变/%	完全破坏时轴向应力/MPa	总裂纹数
SCS1	0.698	0.585	1052
SCS2	0.638	2.484	974
SCS3	0.630	1.221	1000
SCS4	0.755	1.151	1257
SCS5	0.692	0.611	1249
SCS6	0.685	1.516	1345
SCS7	0.651	1.754	1530
SCS8	0.835	5.281	1921
SCS9	0.882	1.343	1439
MCM1	0.706	1.413	967
MCM2	0.678	2.995	907
MCM3	0.672	1.345	994
MCM4	0.687	0.828	1077
MCM5	0.689	0.992	1021
MCM6	0.761	1.969	1310
MCM7	0.765	2.871	1400
MCM8	0.865	1.020	1563
MCM9	0.877	1.313	1580

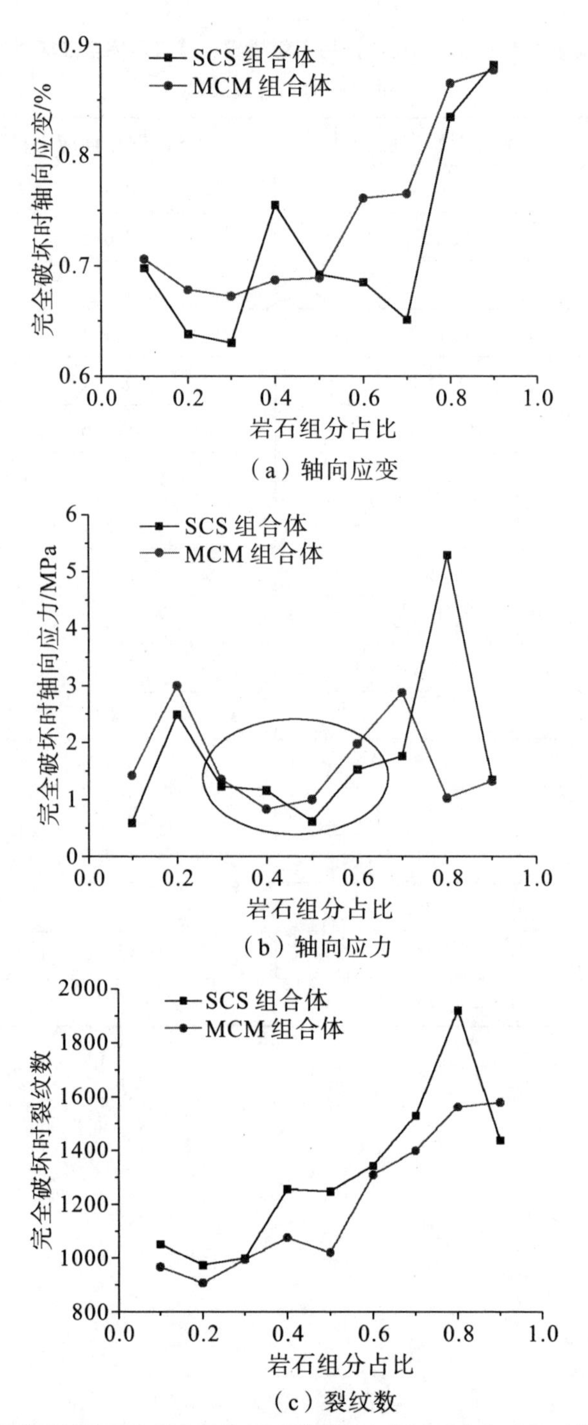

（a）轴向应变

（b）轴向应力

（c）裂纹数

图 6.25　预静载与循环扰动荷载作用下煤岩组合体峰后完全破坏时的轴向应变、轴向应力和总裂纹数与岩石占比之间的关系

由表 6.12 和图 6.25 可以看出，SCS 和 MCM 组合体完全破坏时对应的轴向应变和岩石组分占比之间的变化规律不明显；当岩石组分占比介于 0.2～0.8 时，SCS 和 MCM 组合体完全破坏时对应的轴向应力呈现一个波谷形状；SCS 和 MCM 组合体完全破坏时产生的总裂纹数基本上随岩石组分占比的增加呈上升趋势。

2. 声发射特征

室内岩石力学试验中存在断裂型和摩擦型两种声发射信号，而摩擦型声发射信号太强，则会影响对岩石声发射活动规律性的研究。但在数值模拟试验中，试样内部裂纹出现的位置和时间均由 PFC 自带的 Fish 程序进行监测和记录，这有效地消除了室内试验中试样的离散性问题和摩擦型声发射活动的影响，可以较准确地获得声发射随加载的活动规律。在室内岩石力学试验中，裂纹每扩展一步，就对应一个声发射撞击。所以，通过对数值模拟试验中试样在一定时步数内的裂纹数量进行统计，并将其等效为声发射撞击计数，就可以实现对受载煤岩组合体声发射活动规律的研究。

SCS 和 MCM 组合体的轴向应力、声发射撞击计数随时步数的演化曲线如图 6.26 和图 6.27 所示。

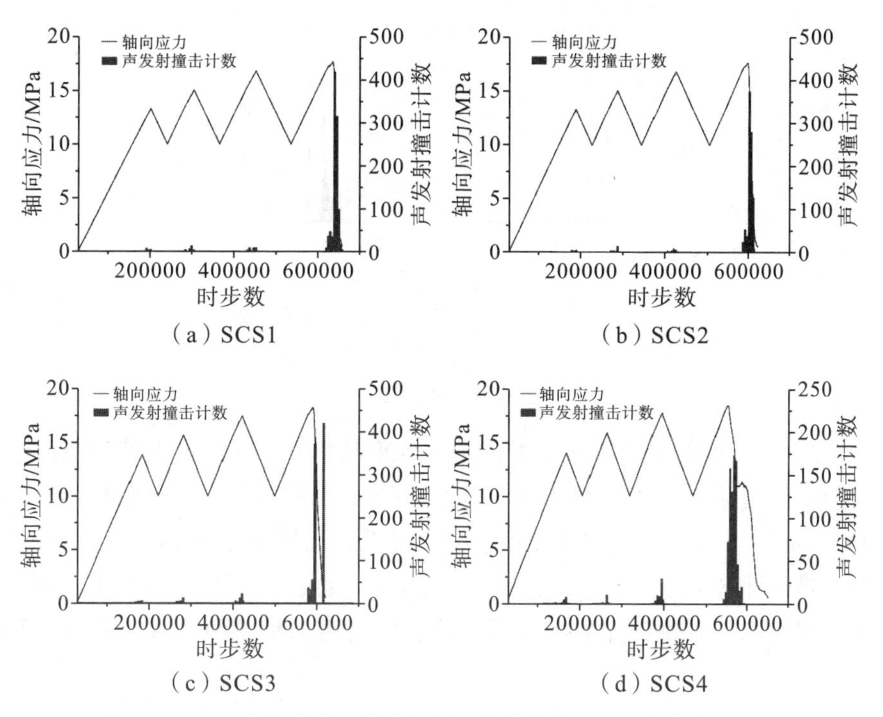

图 6.26 SCS 组合体在预静载与循环扰动荷载作用下的声发射特征

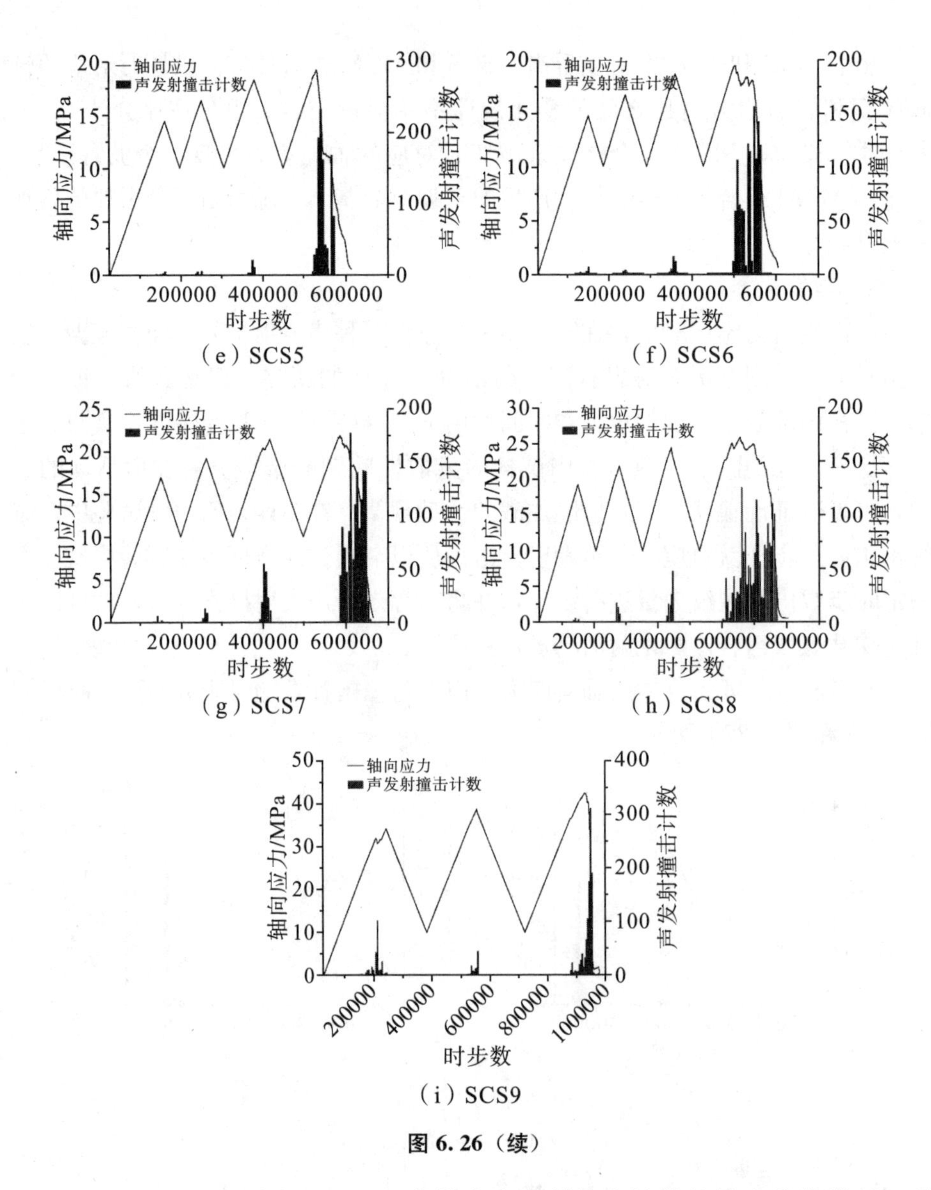

(e) SCS5
(f) SCS6
(g) SCS7
(h) SCS8
(i) SCS9

图 6.26（续）

由图 6.26 可以看出，SCS 组合体中声发射撞击计数的最大值均滞后于峰值应力点。当 $\eta \leqslant 0.3$ 时，SCS 组合体峰后阶段的声发射撞击计数均大于 350；当 $0.4 \leqslant \eta \leqslant 0.8$ 时，声发射撞击计数显著降低，且均低于 240；当 $\eta = 0.9$ 时，声发射撞击计数大于 300，且呈现出增大特点。由以上分析可以得出，SCS 组合体的最大声发射撞击计数随岩石组分占比的增加呈“两头大、中间小”的特征。

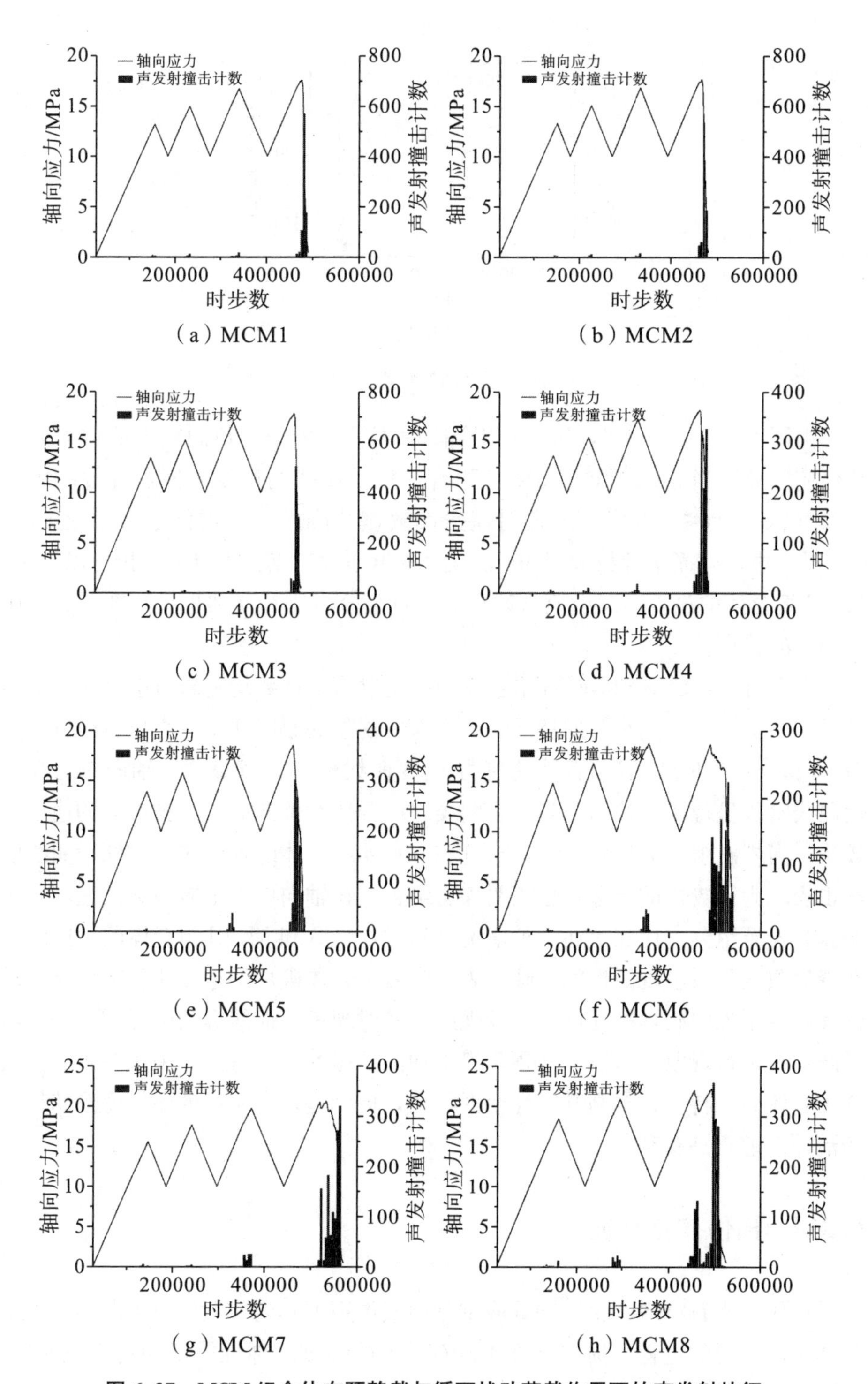

图 6.27　MCM 组合体在预静载与循环扰动荷载作用下的声发射特征

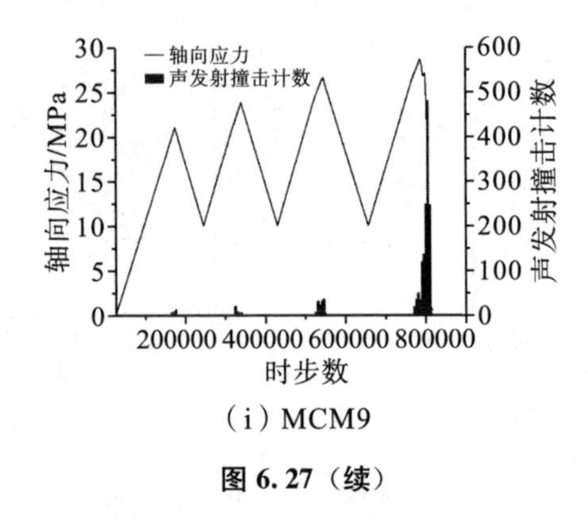

（i）MCM9

图 6.27（续）

由图 6.27 可以看出，MCM 组合体中声发射撞击计数的最大值均滞后于峰值应力点。当 $\eta \leqslant 0.3$ 时，MCM 组合体峰后阶段的声发射撞击计数均大于 400；当 $0.4 \leqslant \eta \leqslant 0.8$ 时，声发射撞击计数显著降低，且均低于 400；当 $\eta = 0.9$ 时，声发射撞击计数大于 400，且呈现出增大特点。由以上分析可以得出，MCM 组合体的最大声发射撞击计数随岩石组分占比的增加也呈“两头大、中间小”的特征。

综上可知，SCS 和 MCM 组合体的声发射撞击计数均随岩石组分占比的增加呈“两头大、中间小”的特征。产生这一现象的原因在于，当岩石组分占比较小时，SCS 和 MCM 组合体的应力-应变曲线形态接近煤样，轴向应力在峰后曲线阶段呈现比较快的下降，表明煤岩组合体在轴向应力下被破坏的速度比较快。当岩石组分占比较大时，SCS 和 MCM 组合体的轴向应力在峰后曲线阶段也表现为比较快的下降，也表明煤岩组合体在轴向应力下被破坏的速度比较快。当岩石组分占比在上述两种情况之间时，SCS 和 MCM 组合体的轴向应力在峰后曲线阶段呈现缓慢的下降，表明煤岩组合体破坏的速度比较慢。这些结论表明，剧烈的破坏往往产生比较强的声发射现象，而缓慢的破坏则表现为低活跃的声发射现象。所以，从预防煤矿冲击地压的角度考虑，采用各种方法改变煤岩体力学特性，提高其塑性变形特征，特别是峰后阶段的塑性变形特征对防治冲击地压是有利的。

6.3.4 损伤演化特征

损伤是岩石材料在单调加载或重复加载作用下其内部微缺陷不断萌生、增长和扩展贯通的过程，损伤能改变岩石材料的强度、弹性模量和超声波速等。常用的度量损伤的方法有弹性模量法、应变法、耗散能量法和声发射计数法等。但是，目前损伤仍然没有一个明确的定义。本书将损伤定义为材料当前状态与破坏状态之间的比例，并采用应变法和声发射撞击计数法对煤岩组合体在预静载与循环扰动荷载作用下的损伤状态进行度量。

应变法的损伤计算公式为：

$$D = \frac{\varepsilon}{\varepsilon_m} \tag{6.1}$$

式中，D 为损伤变量，ε 为在某一应力点时的轴向应变，ε_m为煤岩组合体完全破坏时的轴向应变。

声发射撞击计数法的损伤计算公式为：

$$D = \frac{N}{N_m} \tag{6.2}$$

式中，D 为损伤变量，N 为在某一应力点时的累计声发射撞击计数，N_m为煤岩组合体完全破坏时的累计声发射撞击计数。

SCS 和 MCM 组合体在预静载与循环扰动荷载作用下的损伤变量演化曲线如图 6.28 和图 6.29 所示。

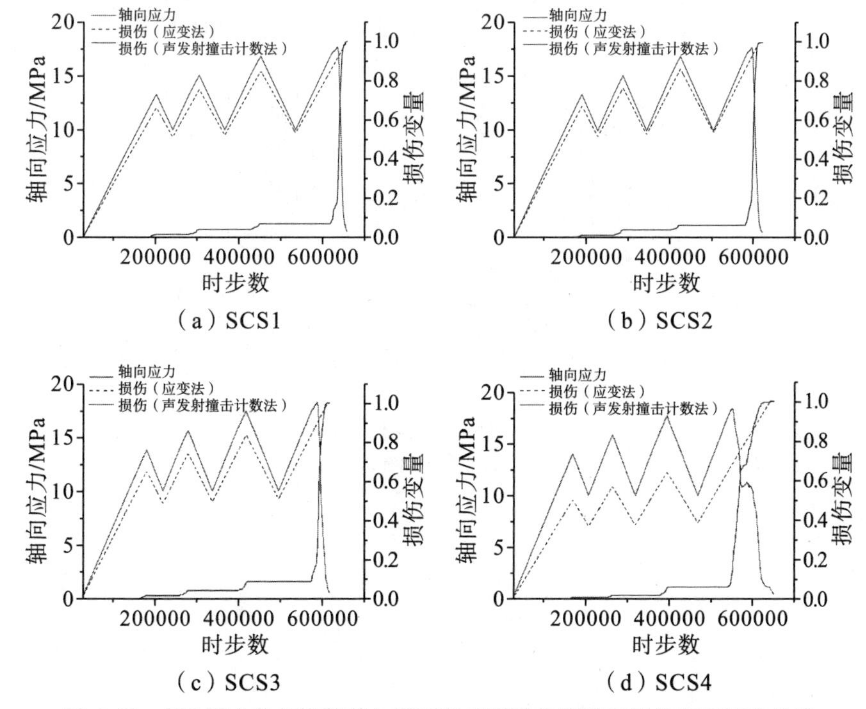

图 6.28　SCS 组合体在预静载与循环扰动荷载作用下的损伤变量演化曲线

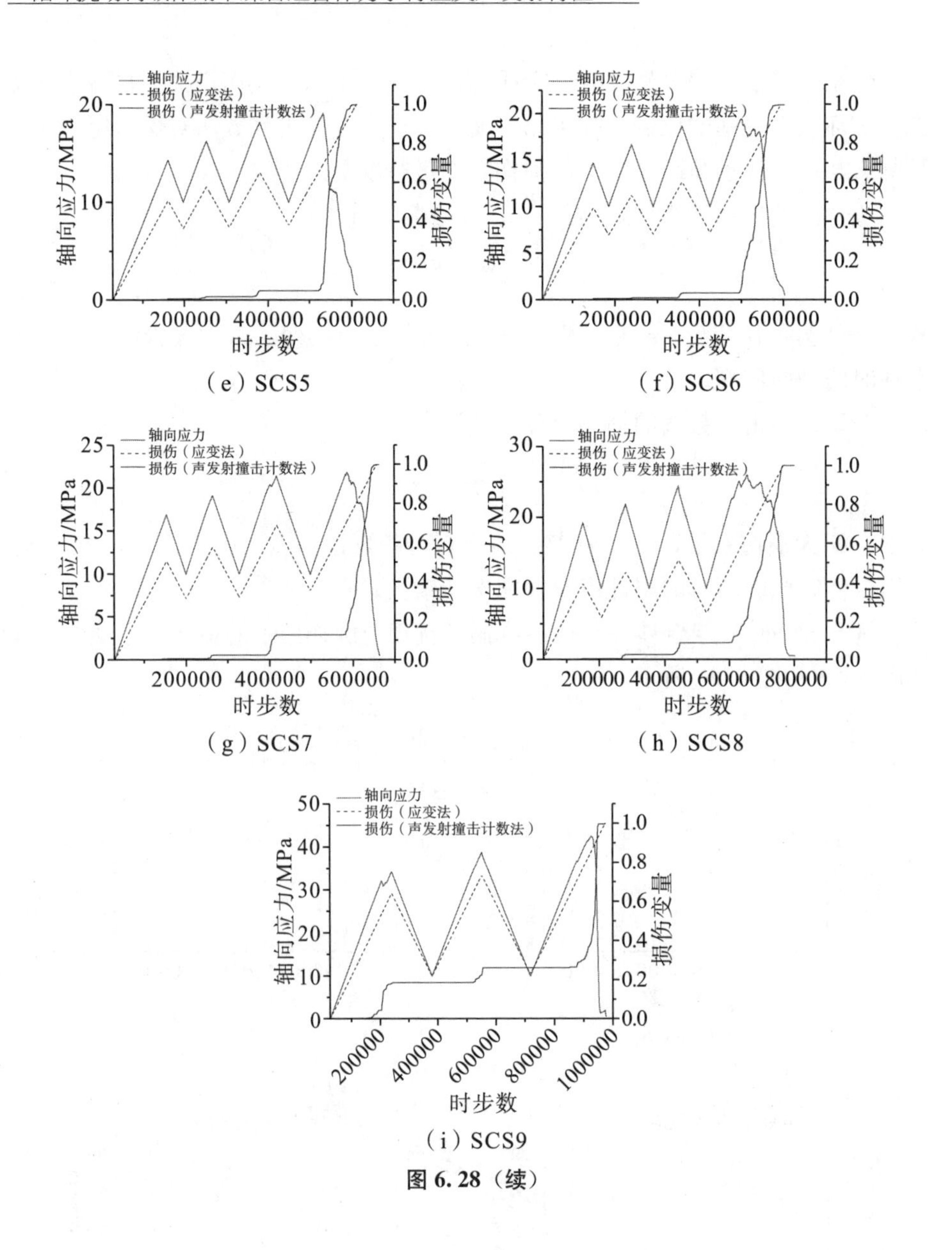

（e）SCS5

（f）SCS6

（g）SCS7

（h）SCS8

（i）SCS9

图 6.28（续）

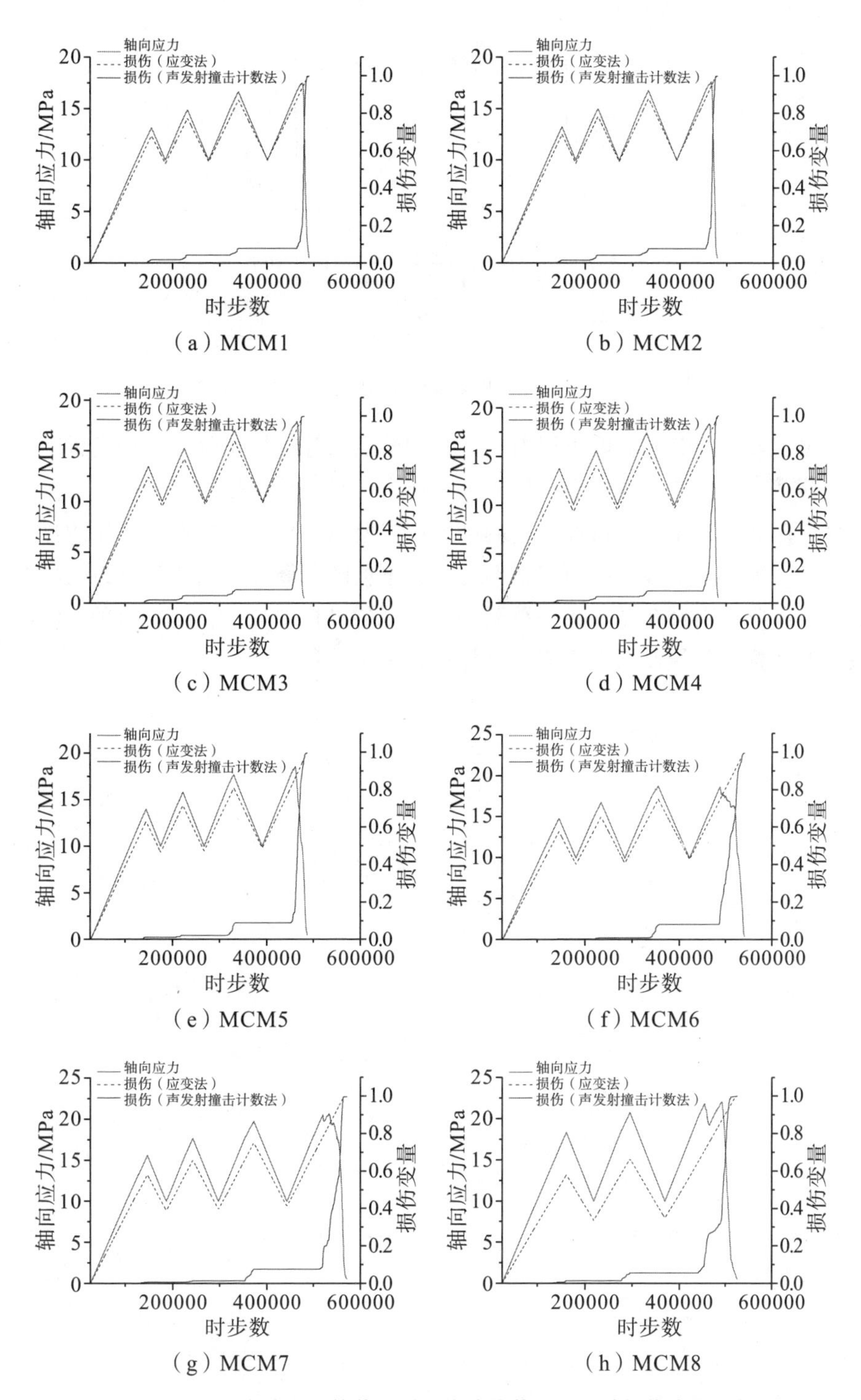

图 6.29　MCM 组合体在预静载与循环扰动荷载作用下的损伤变量演化特征

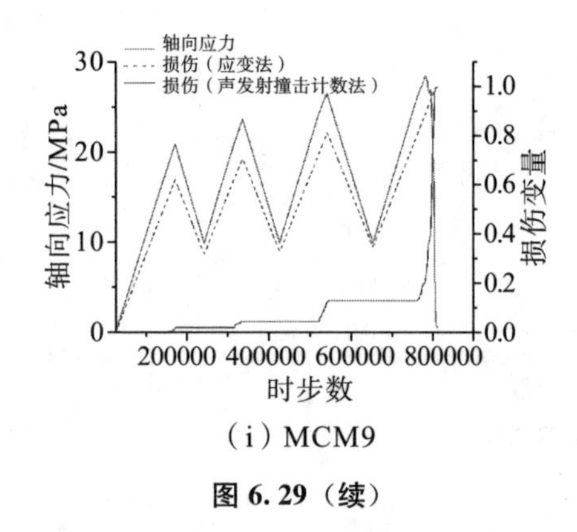

（i）MCM9

图 6.29（续）

由图 6.28 和图 6.29 可以看出，采用应变法计算损伤时，损伤变量随循环扰动荷载呈现出波动性；而采用声发射撞击计数法计算损伤时，损伤变量随循环扰动荷载呈逐步增加特征。这两种方法之所以会导致损伤变量演化的显著差异，是因为煤岩组合体的声发射撞击计数不会随着循环扰动荷载应力的降低而消失，而应变则会在循环扰动荷载应力降低的过程中减小。但这两种方法都反映了循环扰动荷载作用下煤岩组合体接近破坏的程度。

参考文献

[1] 蔡永博，王凯，徐超. 煤岩单体及原生组合体变形损伤特性对比试验研究 [J]. 矿业科学学报，2020，5 (3)：278-283.

[2] 陈光波，秦忠诚，张国华，等. 受载煤岩组合体破坏前能量分布规律 [J]. 岩土力学，2020，41 (6)：2021-2033.

[3] 陈光波，张帅，李谭，等. 煤岩组合体性质与比例影响力学特性规律 [J]. 辽宁工程技术大学学报（自然科学版），2021，40 (3)：198-205.

[4] 陈岩，左建平，宋洪强，等. 煤岩组合体循环加卸载变形及裂纹演化规律研究 [J]. 采矿与安全工程学报，2018，35 (4)：826-833.

[5] 陈岩，左建平，魏旭，等. 煤岩组合体破坏行为的能量非线性演化特征 [J]. 地下空间与工程学报，2017，13 (1)：124-132.

[6] 董浩. 真三轴载荷下不同煤岩比例组合体力学响应研究 [J]. 煤矿安全，2021，52 (11)：56-62.

[7] 郭东明，左建平，张毅，等. 不同倾角组合煤岩体的强度与破坏机制研究 [J]. 岩土力学，2011，32 (5)：1333-1339.

[8] 何永琛. 类煤岩材料组合体静载破裂能量耗散与裂隙演化耦合特征研究 [D]. 西安：西安科技大学，2021.

[9] 姜玉龙，梁卫国，李治刚，等. 煤岩组合体跨界面压裂及声发射响应特征试验研究 [J]. 岩石力学与工程学报，2019，38 (5)：875-887.

[10] 李成杰，徐颖，冯明明，等. 单轴荷载下类煤岩组合体变形规律及破坏机理 [J]. 煤炭学报，2020，45 (5)：1773-1782.

[11] 李成杰，徐颖，叶洲元. 冲击荷载下类煤岩组合体能量耗散与破碎特性分析 [J]. 岩土工程学报，2020，42 (5)：981-988.

[12] 李浩然，杨春和，刘玉刚，等. 花岗岩破裂过程中声波与声发射变化特征试验研究 [J]. 岩土工程学报，2014，36 (10)：1915-1923.

[13] 李回贵，李化敏，高保彬. 不同煤厚煤岩组合体破裂过程声发射特征研究 [J]. 河南理工大学学报（自然科学版），2021，40（5）：30－37.
[14] 马德鹏. 岩石三轴卸围压破坏机理及前兆特征基础实验研究 [D]. 青岛：山东科技大学，2016.
[15] 彭济锋. 中国工程院发布中国能源中长期发展战略研究思路 [J]. 石油化工腐蚀与防护，2011，28（2）：29.
[16] 沈文兵，余伟健，潘豹. 不同倾角煤岩组合岩石力学试验及破坏特征 [J]. 矿业工程研究，2021，36（1）：1－8.
[17] 石崇，徐卫亚. 颗粒流数值模拟技巧与实践 [M]. 北京：中国建筑工业出版社，2015.
[18] 石崇，张强，王胜年. 颗粒流（PFC5.0）数值模拟技术及应用 [M]. 北京：中国建筑工业出版社，2018.
[19] 宋洪强，左建平，陈岩，等. 煤岩组合体峰后应力-应变关系模型及脆性特征 [J]. 采矿与安全工程学报，2018，35（5）：1063－1070.
[20] 汪铁楠，翟越，高欢，等. 静力压缩下煤岩组合体的裂前宏观弹性模型 [J]. 岩土力学，2022，43（4）：1031－1040.
[21] 王磊. 循环载荷作用下煤岩组合体能量演化规律及应用 [D]. 哈尔滨：黑龙江科技大学，2021.
[22] 王小琼，葛洪魁，宋丽莉，等. 两类岩石声发射事件与 Kaiser 效应点识别方法的试验研究 [J]. 岩石力学与工程学报，2011，30（3）：580－588.
[23] 王晓南，陆菜平，薛俊华，等. 煤岩组合体冲击破坏的声发射及微震效应规律试验研究 [J]. 岩土力学，2013，34（9）：2569－257.
[24] 王晓卿. 节理媒体模型重构及其力学响应特征研究 [D]. 北京：中国矿业大学，2017.
[25] 肖福坤，邢乐，侯志远，等. 倾角影响下煤岩组合体的力学及声发射能量特性 [J]. 黑龙江科技大学学报，2021，31（4）：399－404.
[26] 肖福坤，邢乐，侯志远，等. 倾角影响下煤岩组合体的力学及声发射能量特性 [J]. 黑龙江科技大学学报，2021，31（4）：399－404.
[27] 肖晓春，樊玉峰，吴迪，等. 组合煤岩破坏过程能量耗散特征及冲击危险评价 [J]. 岩土力学，2019，40（11）：4203－4212，4219.
[28] 谢和平，鞠杨，黎立云，等. 岩体变形破坏过程的能量机制 [J]. 岩石力学与工程学报，2008（9）：1729－1740.
[29] 谢和平，鞠杨，黎立云. 基于能量耗散与释放原理的岩石强度与整体破

坏准则 [J]. 岩石力学与工程学报，2005 (17)：3003－3010.

[30] 谢强，邱鹏，余贤斌，等. 利用声发射法和变形率变化法联合测定地应力 [J]. 煤炭学报，2010，35 (4)：559－564.

[31] 徐金海，张晓悟，刘智兵，等. 循环加卸载条件下煤岩组合体力学响应及能量演化规律 [J]. 长江科学院院报，2022，39 (5)：89－94.

[32] 杨二豪. 煤岩组合体单轴压缩声发射特性及裂隙扩展规律试验研究 [D]. 西安：西安科技大学，2019.

[33] 杨科，刘文杰，马衍坤，等. 真三轴单面临空下煤岩组合体冲击破坏特征试验研究 [J]. 岩土力学，2022，43 (1)：15－27.

[34] 杨磊，高富强，王晓卿，等. 煤岩组合体的能量演化规律与破坏机制 [J]. 煤炭学报，2019，44 (12)：3894－3902.

[35] 杨磊，高富强，王晓卿. 不同强度比组合煤岩的力学响应与能量分区演化规律 [J]. 岩石力学与工程学报，2020，39 (S2)：3297－3305.

[36] 杨永杰，王德超，李博，等. 煤岩三轴压缩损伤破坏声发射特征 [J]. 应用基础与工程科学学报，2015，23 (1)：127－135.

[37] 杨永杰，赵南南，马德鹏，等. 不同含水率条带煤柱稳定性研究 [J]. 采矿与安全工程学报，2016，33 (1)：42－48.

[38] 余华中. 深埋大理岩宏细观力学特性研究及工程应用 [D]. 南京：河海大学，2013.

[39] 余伟健，潘豹，李可，等. 岩-煤-岩组合体力学特性及裂隙演化规律 [J]. 煤炭学报，2022，47 (3)：1155－1167.

[40] 张晨阳，潘俊锋，夏永学，等. 真三轴加卸载条件下组合煤岩冲击破坏特征研究 [J]. 岩石力学与工程学报，2020，39 (8)：1522－1533.

[41] 张志镇，高峰. 单轴压缩下红砂岩能量演化试验研究 [J]. 岩石力学与工程学报，2012，31 (5)：953－962.

[42] 赵鹏翔，何永琛，李树刚，等. 类煤岩材料煤岩组合体力学及能量特征的煤厚效应分析 [J]. 采矿与安全工程学报，2020，37 (5)：1067－1076.

[43] 周元超，刘传孝，马德鹏，等. 不同组合方式煤岩组合体强度及声发射特征分析 [J]. 煤矿安全，2019，50 (2)：232－236.

[44] 左建平，陈岩，张俊文，等. 不同围压作用下煤－岩组合体破坏行为及强度特征 [J]. 煤炭学报，2016，41 (11)：2706－2713.

[45] 左建平，裴建良，刘建锋，等. 煤岩体破裂过程中声发射行为及时空演化机制 [J]. 岩石力学与工程学报，2011，30 (8)：1564－1570.

［46］ Chen G，Li T，Zhang G，et al. Energy distribution law of dynamic failure of coal-rock combined body［J］. Geofluids，2021，2021（7）：1－14.

［47］ Chen S，Ge Y，Yin D，et al. An experimental study of the uniaxial failure behaviour of rock-coal composite samples with pre-existing cracks in the coal［J］. Advances in Civil Engineering，2019，2019（12）：1－12.

［48］ Guo Y X，Zhao Y H，Wang S W，et al. Stress-strain-acoustic responses in failure process of coal rock with different height to diameter ratios under uniaxial compression［J］. Journal of Central South University，2021，28（6）：1724－1736.

［49］ Liu X S，Tan Y L，Ning J G，et al. Mechanical properties and damage constitutive model of coal in coal-rock combined body［J］. International Journal of Rock Mechanics and Mining Sciences，2018，110：140－150.

［50］ Lu Z，Ju W，Gao F，et al. Influence of loading rate on the failure characteristics of composite coal-rock specimens under quasi-static loading conditions［J］. Rock Mechanics and Rock Engineering，2021，55（2）：909－921.

［51］ Richard E. Goodman. Subaudible noise during compression of rock［J］. Geological Society of America Bulletin，1963，74（4）：487－490.

［52］ Song H，Zuo J，Liu H，et al. The strength characteristics and progressive failure mechanism of soft rock-coal combination samples with consideration given to interface effects［J］. International Journal of Rock Mechanics and Mining Sciences，2021，138（1）：104593.

［53］ Xia Z G，Liu S，Bian Z，et al. Mechanical properties and damage characteristics of coal-rock combination with different dip angles［J］. KSCE Journal of Civil Engineering，2021，25（5）：1687－1699.